Konsequent überzeugen!
Steigern Sie Ihren beruflichen Erfolg durch zielgerichtete Gesprächsführung

Antje Barmeyer

AF763982

Remote Verlag
www.remote-verlag.de

ANTJE BARMEYER

KONSEQUENT ÜBERZEUGEN

Steigern Sie ihren beruflichen Erfolg durch zielgerichtete Gesprächsführung

Remote Verlag

© 2021 Antje Barmeyer

Das Werk ist urheberrechtlich geschützt. Jede Verwertung bedarf der ausschließlichen Zustimmung des Autors. Dies gilt insbesondere für die Vervielfältigung, Verwertung, Übersetzung und die Einspeicherung und Verarbeitung in elektronischen Systemen.

Bibliografische Information der Deutschen Nationalbibliothek

Die Deutsche Nationalbibliothek verzeichnet diese Publikation in der Deutschen Nationalbibliografie; detaillierte bibliografische Daten sind im Internet über http://dnb.dnb.de abrufbar.

Für Fragen und Anregungen:
info@remote-verlag.de

ISBN Print: 978-3-948642-07-5
ISBN Ebook: 978-3-948642-08-2

Originalausgabe
Erste Auflage 2021
© 2021 by Remote Verlag, ein Imprint der Remote Life LLC, Oakland Park, US

Projektleitung: Nico Hullmann
Manuskriptbearbeitung: Katrin Gönnewig, Nina Blank
Umschlaggestaltung: Wolkenart - Marie-Katharina Becker, www.wolkenart.com
Satz und Layout: Wolkenart - Marie-Katharina Becker

Alle Rechte vorbehalten. Vervielfältigung, auch auszugsweise, nur mit schriftlicher Genehmigung des Verlages.

Abonnieren Sie unseren Newsletter unter: www.remote-verlag.de

INHALTSVERZEICHNIS

VORWORT

Kommunikation ist für jeden Menschen einfach – und häufig trotzdem schwer. Vor allem an Ihrem Arbeitsplatz, aber auch in der Familie, im Freundeskreis und zu vielfältigen anderen Gelegenheiten stehen Sie im Mittelpunkt und haben Sie viele Kontakte mit sehr verschiedenen Menschen. Dementsprechend erleben Sie auch sehr vielfältige Situationen, die von Ihnen individuelle Reaktionen erfordern. Sie müssen sich immer wieder mit unterschiedlichen Menschen wie Vorgesetzte, Kollegen und Kunden sowie deren Charakteren auseinandersetzen und wollen dabei gerne freundlich, höflich und souverän bleiben.

Unsere Kommunikation folgt gewissen Regeln. Diese Regeln sind dafür verantwortlich, wie Kommunikation im Alltag verläuft. Das Wissen um diese Regeln versetzt Sie in die Lage zu erkennen, warum Gespräche so verlaufen, wie sie verlaufen. Damit besteht für Sie die Möglichkeit, auf Dialoge Einfluss zu nehmen und somit Kommunikation zu steuern.

Zur gelungenen Kommunikation gehört auch die Fähigkeit zur schlagfertigen Reaktion. Sie lernen verschiedene Mittel für mehr Schlagfertigkeit kennen und wissen, wie Sie sich angemessen wehren können.

In diesem Buch erfahren Sie, mit welchen Methoden und Strategien Sie die Gesprächsführung steuern können, um Ihre Ziele im Job zu erreichen. Diese Mittel zum Dialog können Sie anschließend im Alltag einsetzen, wo immer Sie es als notwendig ansehen. Einen Schwerpunkt bildet hier die Argumentation gegenüber Vorgesetzen und Kolleginnen sowie Kunden und Geschäftspartnern. Sie können Ihr Gegenüber überreden oder überzeugen. Da Überzeugen die bessere Strategie ist, lernen Sie die notwendigen Hilfsmittel dafür kennen. Sie können Ihr Gegenüber besser einschätzen und wissen, mit welchem Typus Mensch Sie es zu tun haben und wie Sie dieses Wissen für Ihren Erfolg nutzen können.

Konflikte gehören zu unserem Arbeitsalltag wie das Salz in die Suppe. Sie sind unvermeidbar und immer eine Herausforderung für die Beteiligten. Dieses Buch vermittelt Ihnen die nötigen Kompetenzen, mit diesen Konflikten so umzugehen, dass sie gelöst werden können – und zwar für alle Konfliktparteien mit einem positiven Ergebnis. Die Ich-Botschaft hat hier eine wichtige Funktion und ist ein gutes ‚Transportmittel' für negatives Feedback am Arbeitsplatz.

Wir tun uns oft schwer, Grenzen zu setzen und ‚Nein' zu sagen – besonders gegenüber dem Chef und der netten Kollegin. Warum es uns leichter fällt, ‚Ja' als ‚Nein' zu sagen und welche Varianten Ihnen für Ihr ‚Nein' zur Verfügung stehen – das erfahren Sie in diesem Buch.

Jeder Mensch kann kommunizieren. Die Frage ist nur, wie er es tut. Es kommt auf die Rhetorik an. Eine positive Wortwahl erzielt eine positive Wirkung. Wenn Sie gekonnt formulieren, eine klare Sprache sprechen, Ihr Anliegen schnell auf den Punkt bringen und in schwierigen Situationen Ruhe und Gelassenheit bewahren, sparen Sie viel Zeit und erzielen eine positive Wirkung auf Ihre Gesprächspartner.

Bei der Bezeichnung von Personen in diesem Buch habe ich darauf geachtet, eine gendergerechte Sprache zu verwenden. Deshalb habe ich die weiblichen, männlichen und diversen Formen der Darstellung so gemischt, dass sie jeder Gruppe möglichst gerecht werden. Zur guten Lesbarkeit der Texte habe ich darauf verzichtet, jede Person immer in allen Gender-Formen darzustellen.

KAPITEL 1: KOMMUNIKATION – DIE GROSSE UNBEKANNTE

Warum wir kommunizieren müssen

Jeder Mensch muss kommunizieren, denn Kommunikation gehört zu unseren Grundbedürfnissen. Wir sind soziale Wesen, die auf die Interaktion und das Miteinander mit anderen Menschen angewiesen sind. Wir möchten uns mitteilen, Gedanken mit anderen austauschen und ein Gefühl von Zusammensein haben. Viele Studien und Experimente belegen, dass mangelnde bis gar keine sozialen Kontakte enorme negative Folgen haben. Wir werden krank oder hören schlimmstenfalls auf zu existieren.

Bestimmt haben Sie sich schon einmal weniger Kommunikation gewünscht, um vielleicht etwas mehr Ruhe zu haben: Am Arbeitsplatz klingelt das Telefon heute – gefühlt – das hundertste Mal und Sie denken: *Wer will jetzt schon wieder etwas von mir? Kann ich nicht einmal in Ruhe etwas abarbeiten?* Sie möchten zu Hause ausspannen und in einem Buch oder in einer Zeitung lesen. Dauernd werden Sie von der Familie oder Freunden gestört, die Ihnen etwas mitteilen wollen und Sie denken: *Warum kann man mich nicht mal fünf Minuten in Ruhe lassen!* Es gibt in unserem Alltag viele Situationen, in denen wir nicht kommunizieren möchten. In der Regel ist das jedoch die Ausnahme. Und nach Ruhephasen wollen wir dann doch wieder sozialen Austausch haben.

Während der Corona-Pandemie waren viele Menschen dazu gezwungen, auf viele soziale Kontakte zu verzichten: Alleinstehende sollten zu Hause bleiben, Menschen in Altenheimen und Krankenhäusern mussten auf den Besuch ihrer Angehörigen verzichten, Kinder konnten ihre Freunde nicht treffen, Berufstätige waren im Homeoffice auf sich gestellt – um nur einige Beispiele zu nennen. Gerade in dieser Zeit des Lockdown haben viele Menschen zum ersten Mal erfahren, was es heißt, auf soziale Kontakte verzichten zu müssen – und was dies mit ihnen macht.

Für die Kommunikation gibt es Regeln

Sie können kommunizieren – denken Sie! Und warum erreichen Sie dann manchmal im Gespräch nicht das, was Sie wollen? Warum haben Sie manchmal das Gefühl, dass Ihr Gegenüber Sie nicht versteht, obwohl sie deutlich gesprochen haben? Das liegt daran, dass Kommunikation vielfältigen Aspekten unterliegt. Wir bringen das Gesagte nicht nur durch Worte zum Ausdruck, sondern auch durch die Stimmlage, die Mimik, die Gestik, die Körpersprache. Sie können zum Beispiel schon aus der Körperhaltung einer Person erkennen, in welcher Stimmung sie gerade ist. Kennen Sie den Menschen besonders gut, reichen schon Blickkontakt und Gesten, damit Sie sich klar und deutlich verständigen können. Alles das trägt dazu bei, dass Kommunikation gelingt – oder auch nicht. Denn Kommunikation kann auch mangelhaft und unbefriedigend sein und damit zum Konflikt führen. Missglückt eine Kommunikation, entstehen Kommunikationsprobleme.

Es gibt Situationen, in denen Sie denken, dass Sie gut vorbereitet sind. Sie wollen bei Ihren Gesprächspartnern ein Ziel erreichen und haben sich Ihre Argumente im Kopf zurechtgelegt. Und im Gespräch stellen Sie fest, dass Sie die Argumentation nicht mehr ‚auf dem Schirm' haben. Am Ende des Gesprächs kommt für Sie etwas ganz anderes heraus, als Sie beabsichtigt haben. Wie konnte das nur geschehen?

Ein wesentlicher Bestandteil der Kommunikation ist die eigene Schlagfertigkeit. Wie oft haben Sie es schon erlebt, dass Sie nach einem Gespräch gedacht haben: „Hätte ich doch so reagiert", „Hätte ich doch das gesagt". Leider ist das Gespräch schon zu Ende und die Chance auf Schlagfertigkeit ist verpasst. Fünf Minuten später hatten Sie tolle Antworten – doch leider fünf Minuten zu spät.

Missverständnisse gehören ebenfalls zum Kommunikations-Alltag. Dazu gehören allerdings immer zwei Parteien: der Sender und die Empfängerin. Der Sender hat sich vielleicht undeutlich ausgedrückt und die Empfängerin hat die erhaltene Botschaft nicht geklärt, sondern ‚geglaubt'. Beide Parteien gehen nun davon aus, richtig gehandelt zu haben. Dazu eine kleine Übung: Nehmen Sie sich ein Blatt Papier und skizzieren Sie mit wenigen Strichen ein Schloss.

Nun schauen Sie sich an, was Sie skizziert haben: Ist es ein Schlüsselschloss oder ein Schlossgebäude? Und welches Schloss ist nun richtig? Genau – beides ist richtig, denn das Wort ‚Schloss' hat zwei Bedeutungen.

Deshalb ist es wichtig, dass Sie sich immer wieder klarmachen, dass der Sender etwas anderes ausdrücken wollte, als Sie verstanden haben. Ein Tipp: Vermeiden Sie, Ihr Gegenüber anzugreifen: „Da hast du mich falsch verstanden" oder: „Du hast mir nicht zugehört". Besser ist es, Sie beziehen die Situation auf sich: „Da habe ich mich falsch ausgedrückt" oder: „Das habe ich anders gemeint". Diese Worte sind konfliktfrei, weil Sie die andere Person nicht angreifen.

Wir können nicht NICHT kommunizieren

Der österreichisch-amerikanische Kommunikationswissenschaftler Paul Watzlawick hat die Grundregel aufgestellt: Man kann nicht nicht kommunizieren. Das heißt, wann und wo immer sich Menschen begegnen, erfolgt immer eine irgendwie geartete Kommunikation. Dem können wir uns nicht entziehen.

Vielleicht haben Sie schon folgende Situation erlebt: Sie stehen in einem Fahrstuhl und auf dem Weg nach oben hält der Fahrstuhl in einer Etage an, eine fremde Person betritt den Fahrstuhl und dreht Ihnen sofort den Rücken zu. Sie verlassen in Ihrer Etage wortlos den Fahrstuhl. Niemand hat ein Wort gesagt, und trotzdem hat Kommunikation stattgefunden, und zwar nonverbal. Sie und die fremde Person haben sich körpersprachlich „unterhalten". Die fremde Person, die den Fahrstuhl nach Ihnen betreten und Ihnen den Rücken zugekehrt hat, hat damit die Botschaft gesendet: Sprich mich nicht an. Und Sie haben darauf reagiert, indem Sie geschwiegen haben. Dadurch, dass Sie ebenfalls wortlos den Fahrstuhl verlassen haben, haben Sie die gleiche nonverbale Botschaft ausgesendet.

Das nächste Beispiel zeigt Ihnen, wie wir mit unseren Augen kommunizieren. Sie kennen den Satz: Wenn Blicke töten könnten. Folgendes Erlebnis bestätigt die Bedeutung von Blicken: Sie gehen in einer belebten Fußgängerzone spazieren. Ihnen kommen sehr viele Menschen entgegen und der Platz wird immer enger. Trotzdem bahnen Sie sich Ihren Weg durch die Menschenmenge, ohne andere zu berühren. Wie funktioniert das? Sie signalisieren allen Ihnen entgegenkommenden Menschen mit Ihrem Blickkontakt, wo Sie beabsichtigen entlangzugehen. Und die Menschen, die Ihnen begegnen, tun das Gleiche. Auch sie signalisieren durch den Blick die Richtung, in die sie gehen werden. Dadurch erfolgt nonverbal die Verständigung, die dafür sorgt, dass wir uns gut in einer Menschenmenge bewegen können.

Es geht allerdings auch anders. Es kann sein, dass Ihnen eine Person entgegenkommt, von der Sie annehmen, Sie würden Sie kennen. Also schauen Sie der Person ins Gesicht, um zu sehen, ob dies wirklich so ist. Die andere Person bemerkt dies und schaut Ihnen ebenfalls ins Gesicht, um zu erfahren, warum Sie sie anschauen. Obwohl Sie feststellen, dass Sie die Person doch nicht kennen, führt dieses Verhalten nun dazu, dass Sie voreinander stehen und nicht wissen, wer auf welcher Seite an wem vorbeigeht. Machen Sie den Test und probieren es aus, wenn Sie das nächste Mal fremden Menschen begegnen.

Auch diese Situation beschreibt, wie viel wir nonverbal kommunizieren und es bestätigt die Aussagen von Paul Watzlawick, dass wir nicht nicht kommunizieren können. Es zeigt auch, wie wichtig es ist, nonverbal empfangene Botschaften verbal zu prüfen, indem wir bestätigen oder hinterfragen, was der andere ausdrücken will.

Auch dazu ein Beispiel: Im Büro kommt Ihnen auf dem Flur ein Kollege entgegen. Sie sagen freundlich „Hallo“. Der Kollege geht allerdings wortlos an Ihnen vorbei. Nun wundern Sie sich, warum er das tut. Vielleicht fragen Sie sich sogar, ob Sie ihm etwas getan haben und der Kollege vielleicht beleidigt ist. Wenn Sie diese nonverbale Botschaft nicht klären, denken Sie schlimmstenfalls den ganzen Tag darüber nach. Besser ist es, Sie nehmen sich vor, den Kollegen – am besten am nächsten Tag – darauf anzusprechen: „Ist etwas nicht in Ordnung? Wir sind gestern so grußlos aneinander vorbeigegangen." Nun haben Sie die Chance, die Situation zu klären und erfahren bestenfalls, dass der Kollege nur gerade in Gedanken war oder Stress hatte und deshalb Ihren Gruß nicht erwidert hat.

Kommunikation ist immer mehrdeutig

Wenn wir mit anderen Menschen kommunizieren, hören wir neben dem reinen gesprochenen Wort auch die pure körpersprachliche Botschaft – und wir hören und empfangen Gefühle. Eine Botschaft besteht immer aus dem Inhalt und der Art und Weise, wie sie überbracht wird. Diese Kommunikationsregel ist der Grund dafür, dass es Situationen gibt, in denen zwei Menschen das Gleiche sagen, die Botschaft aber beim Empfänger völlig unterschiedlich ankommt.

Stellen Sie sich vor, Sie waren gerade beim Friseur und haben sich Ihre Haare einmal ganz anders stylen lassen. Nun begegnen Sie einem Kollegen, mit dem Sie kein besonders gutes Verhältnis haben und der oft mit sich und der Welt unzufrieden ist. Ihr Kollege wird privat und sagt: „Na, wieder eine neue Frisur?" Wie empfinden Sie diese Botschaft? Bestimmt nicht nett und vielleicht sogar als Angriff nach dem Motto: Wie kommt der dazu, meine Haare zu kritisieren. Als Nächstes begegnet Ihnen auf Ihrem Weg die sympathische, Neue aus der Marketing-Abteilung. Auch sie bemerkt Ihre neue Frisur und sagt: „Oh, eine neue Frisur?" Dabei lächelt sie Sie an und zeigt Ihnen damit, dass sie die Frisur toll findet. Sie freuen sich über die Reaktion und bedanken sich für das Kompliment.

Bei genauerer Betrachtung könnte es auch genau umgekehrt sein. Der unsympathische Kollege wollte mal etwas Nettes zu Ihnen sagen, was ihm aber durch die Stimmlage und die Körpersprache nicht gelungen ist. Außerdem finden Sie ihn sowieso doof und rechnen überhaupt nicht damit, von ihm nett angesprochen zu werden. Und die sympathische Kollegin wollte Sie vielleicht provozieren und hat die Botschaft sarkastisch gemeint. Nur ist es ihr leider nicht gelungen, die Botschaft sarkastisch klingen zu lassen – und deshalb ist sie bei Ihnen positiv angekommen.

Sie sehen, Kommunikation ist nicht ganz einfach und zwingt uns, Botschaften zu hinterfragen, die uns andere senden. Es spielen viele Faktoren eine Rolle, damit Kommunikation klappt.

Der Kommunikationswissenschaftler Paul Watzlawick erzählt dazu in seinem Buch „Anleitung zum Unglücklichsein" eine Geschichte:
„Die Geschichte mit dem Hammer: Ein Mann will ein Bild aufhängen. Den Nagel hat er, nicht aber den Hammer. Der Nachbar hat einen. Also beschließt unser Mann, hinüberzugehen und ihn auszuborgen. Doch da kommt ihm ein Zweifel: Was, wenn der Nachbar mir den Hammer nicht leihen will? Gestern schon grüßte er mich nur so flüchtig. Vielleicht war er in Eile. Aber vielleicht war die Eile nur vorgeschützt, und er hat etwas gegen mich. Und was? Ich habe ihm nichts angetan; der bildet sich da etwas ein. Wenn jemand von mir ein Werkzeug borgen wollte, ich gäbe es ihm sofort. Und warum er nicht? Wie kann man einem Mitmenschen einen so einfachen Gefallen abschlagen? Leute wie dieser Kerl vergiften einem das Leben. Und dann bildet er sich noch ein, ich sei auf ihn angewiesen. Bloß weil er einen Hammer hat. Jetzt reicht's mir wirklich. - Und so stürmt er hinüber, läutet, der Nachbar öffnet, doch noch bevor er ‚*Guten Tag*' sagen kann, schreit ihn unser Mann an: ‚Behalten Sie doch Ihren Hammer, Sie Rüpel!'"

Die Wirkung bestimmt den Verlauf der Kommunikation

Im Gespräch können Sie die beste Absicht verfolgen – und trotzdem ist die Wirkung bei Ihren Gesprächspartnern völlig anders. Dies ist eine weitere Grundregel in der Kommunikation. Sie können mit Ihrer Botschaft eine noch so gute Absicht verfolgen, am Ende ist es immer die Wirkung, die beim Empfänger oder bei der Gesprächspartnerin bestimmt, wie ein Dialog weiter verläuft.

Sie sind zum Beispiel fest davon überzeugt, nur einen Sachverhalt zu beschreiben, ohne auf irgendeine Art von Emotionen einzugehen. Wenn Sie den falschen Ton treffen, können Sie bei der Empfängerin eine völlig andere Wirkung erzeugen, als Sie es beabsichtigt haben. Ist der Empfänger wiederum nicht gewillt oder in der Lage, die Wirkung Ihrer Botschaft zu hinterfragen, sind der Konflikt und der negative Gesprächsverlauf unvermeidbar.

Dies ist die klassische Basis für Missverständnisse: Sie sitzen im Kollegenkreis zusammen und es wird diskutiert, wohin es beim nächsten gemeinsamen Wanderausflug gehen soll. Sie schlagen vor: „Wollen wir mal nach Detmold fahren und das Hermannsdenkmal besuchen?". Daraufhin reagiert eine Kollegin: „Immer willst du irgendwas besichtigen. Können wir nicht einfach mal nur wandern?". Hier besteht jetzt das Missverständnis darin, dass Sie wandern wollen, und dabei etwas besichtigen. Die Kollegin fasst die Botschaft so auf, dass Sie nur etwas besichtigen wollen – und nicht wandern. Es ist an Ihnen, dieses Missverständnis zu klären: „Rund um das Hermannsdenkmal gibt es ganz viele Wandermöglichkeiten. Wir könnten uns eine Route auswählen, die uns gut gefällt."

Der Sender und der Empfänger – und wer recht hat

In den 40er-Jahren haben Claude E. Shannon und Warren Weaver das Sender-Empfänger-Modell entwickelt. Es beschreibt den Grundvorgang der zwischenmenschlichen Kommunikation folgendermaßen: Der Sender möchte etwas mitteilen. Seine Botschaft hat einen bestimmten Inhalt, der in einer bestimmten Form überbracht wird. Der Sender verschlüsselt – also kodiert – seine Botschaft in erkennbare Zeichen, verbal in Worten und nonverbal in Körpersprache. Die Empfängerin übersetzt diese Botschaft in ihren Zeichenvorrat. Das heißt, sie entschlüsselt – also dekodiert – die Nachricht. Bestenfalls gibt nun die Empfängerin dem Sender eine Rückmeldung darüber, wie sie die Nachricht entschlüsselt hat, wie sie bei ihr angekommen ist. In den meisten Fällen stimmen gesendete und empfangene Botschaft überein und eine Verständigung ist erfolgt. Die Kommunikation ist gelungen.

Sie sagen morgens am Frühstückstisch zu Ihrer kleinen Tochter: „Gibst du mir bitte die Butter." Die Tochter reicht Ihnen die Butter und sagt dazu: „Bitte". Damit bestätigt sie, dass sie Sie verstanden hat und die Botschaft angekommen ist.

Die Schwierigkeit in der Kommunikation besteht allerdings darin, dass für die Senderin das von ihr Gesagte völlig klar und eindeutig ist, die Botschaft beim Empfänger jedoch ganz anders ankommt, als sie gemeint war.

Sie sagen morgens am Frühstückstisch zu Ihrer pubertierenden Tochter: „Gibst du mir bitte die Butter." Die Tochter antwortet patzig: „Dauernd muss ich dich bedienen, nimm's dir selbst."

Eine Nachricht hat immer mehrere Aspekte – sachliche und emotionale. Der Empfänger nimmt unbewusst den Aspekt wahr, der ihm gerade gefällt und den er wahrnehmen möchte. Wahrnehmen bedeutet, dass gefiltert wird. Dieser Filter hängt davon ab, welche Beziehung zur Senderin besteht, wie die augenblickliche Stimmung ist und welche Erfahrungen der Empfänger bereits gemacht hat. Weil der Empfänger nicht alle Aspekte einer Nachricht gleichzeitig aufnehmen und verarbeiten kann, wählt er aus.

Darüber hinaus wird Ihre Wahrnehmung immer subjektiv sein, denn Sie bilden sie von innen heraus. Erfahrungswerte zeigen immer wieder, dass wir uns von Fremden ein Bild machen, das

zu 55 % vom Aussehen,
zu 38 % von der Art und Weise, wie gesprochen wird und
zu 7 % vom gesprochenen Wort selbst abhängt.

Darüber hinaus wird Ihre Wahrnehmung auch durch die Erwartungen an eine Person oder eine Situation gesteuert.

Sie haben eine Kollegin, die sich immer wieder über die kleinste Kleinigkeit bei Ihnen lautstark aufregt, wenn ihr bei anderen Mitarbeitenden etwas nicht gefällt. Mal fängt Sie sie auf dem Flur ab, mal ruft sie sogar extra bei Ihnen an. Offensichtlich benutzt sie Sie als Blitzableiter für ihre Launen und ihre Unzufriedenheit. Da Sie bisher immer souverän und gelassen reagiert haben, wendet sich die Kollegin konsequent an Sie, wenn es etwas zu meckern gibt. Bei Ihnen fühlt sie sich gut aufgehoben, weil Sie doch immer so freundlich sind und ein offenes Ohr für sie haben. Doch so langsam sind Sie es leid, immer den Prellbock abgeben zu müssen. Nun stellen Sie fest, dass es schon genügt, die Telefonnummer der Kollegin auf Ihrem Telefon-Display zu sehen und Ihr innerer Film beginnt abzulaufen: Gleich werde ich mir wieder lautstark anhören müssen, über welche Bagatellen die Kollegin jetzt wieder verärgert ist. Noch bevor Sie zum Hörer greifen, haben Sie eine klare Vorstellung davon, was jetzt gleich passiert und Ihre Einstellung wird davon geprägt. Die Kollegin könnte, wenn sie sensibel wäre, bereits an Ihrer Stimme erkennen, dass Sie jetzt sehr ungern dieses Gespräch führen. Ihre Wahrnehmung wird ganz klar durch Ihre Erwartung gesteuert. Sie wären jetzt sehr verblüfft und wüssten nicht so recht, was Sie sagen sollten, wenn die Kollegin jetzt einfach nur von Ihnen wissen möchte, ob der Kunden X zwei oder drei Artikel bestellt hat.

Unsere Wahrnehmung sorgt also dafür, dass wir in vielen Alltagssituationen gewappnet sind, weil wir im Voraus schon ahnen, womit uns ein Gesprächspartner gleich konfrontieren wird. So können wir uns schnell und unbewusst auf die Kommunikation einstellen. Allerdings kann uns unsere Wahrnehmung auch Streiche spielen und zu falschen Reaktionen oder falschem Verhalten führen.

In den sozialen Netzwerken war vor einiger Zeit folgende Geschichte zu lesen: In einer Stadt spielte ein Straßenmusikant auf einem öffentlichen Platz auf seiner Geige. Vor sich hatte er den offenen Geigenkasten, um Geld zu sammeln. Obwohl seine Musik sehr schön war und er fantastisch Geige spielen konnte, waren seine Einnahmen nur sehr gering. Die meisten Menschen gingen an ihm vorbei, nur wenige blieben eine kurze Zeit stehen, um zuzuhören. Und nur ganz vereinzelt gaben die Menschen ihm Geld. Seine ‚Ausbeute' war sehr gering. Am Abend ging er zu seinem Arbeitsplatz in der Oper und gab als Solo-Geiger mit dem berühmten Orchester ein wunderschönes Konzert. Die Besucher hatten sehr viel Geld für eine Eintrittskarte bezahlt. Besonders auch deshalb, weil sie sein Geigenspiel erleben wollten.

Was hat das mit der Wahrnehmung zu tun? Wir erwarten von der Straßenmusikantin, dass sie sich mit ihrer Musik etwas hinzuverdienen will – also eben nicht reich ist. Vom berühmten Geiger erwarten wir, dass er uns einen besonderen Musikgenuss beschert und es wert ist, dafür viel Geld zu bezahlen.

Und noch ein Beispiel aus dem Alltag, wie unsere Wahrnehmung uns steuert oder auch täuschen kann: An Ihrem Arbeitsplatz haben Sie regelmäßigen Telefonkontakt zu Menschen, die Sie noch nie gesehen haben, weil die Kundin oder der Geschäftspartner räumlich weit weg sind. Trotzdem haben Sie sich von diesen Menschen ein Bild gemacht, und zwar auf der Grundlage Ihrer Wahrnehmung. Oft stimmt am Ende dieses Bild nicht mit der Realität überein – zumindest was das Äußere betrifft – und Sie sind zuerst einmal überrascht oder sogar enttäuscht, wenn Sie ein Bild von der Person sehen oder ihr sogar persönlich begegnen.

Unsere Handlungsmuster – Fluch und Segen

Ein weiterer Grund dafür, warum Sie im Gespräch so und nicht anders reagieren, sind Ihre Handlungsmuster. Schauen wir uns das Sender-Empfänger-Modell noch einmal an:

Der Sender sendet eine Botschaft, die von der Empfängerin aufgenommen wird:

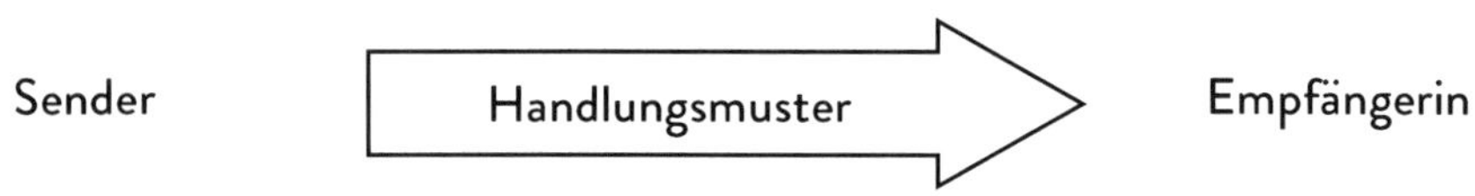

Darauf sendet die Empfängerin eine Antwort, sie reagiert:

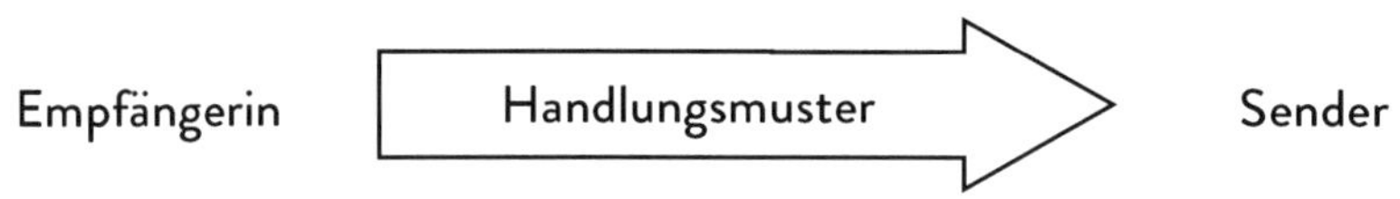

Der Sender sendet seine Botschaft auf eine bestimmte Art und Weise, von der er annimmt, dass diese Botschaft gut bei der Empfängerin ankommt. Er geht davon aus, dass die Empfängerin ein bestimmtes Handlungsmuster hat und er dieses Handlungsmuster mit seiner Botschaft sozusagen „aktiviert". Nehmen wir noch einmal die Situation am Frühstücktisch. Die Botschaft an die Tochter lautete: „Gibst du mir bitte die Butter." Diese Aufforderung wurde so gesendet, weil der Vater davon ausgeht, dass seine höflich vorgetragene Bitte bei der Tochter das Handlungsmuster anspricht: Wenn ich höflich um etwas gebeten werden, dann tue ich es, wenn es mir leicht möglich ist.

In dem zweiten „Butter"-Beispiel ist es genauso. Der Vater bittet die pubertierende Tochter um die Butter und ahnt innerlich schon, dass das an Worten am frühen Morgen am Frühstückstisch schon zu viel ist, weil die Tochter derzeit das Handlungsmuster hat: Ich will in Ruhe gelassen werden und ich will meine Eltern nicht bedienen. Dementsprechend erfolgt die Aussage: „Dauernd muss ich dich bedienen, nimm's dir selbst." Hätte der Vater seine Ahnung ernst genommen, hätte er sich gleich die Butter selbst genommen und damit den Konflikt verhindern können.

Von der anderen Seite betrachtet, ‚wird auch ein Schuh draus': Wenn Sie angesprochen werden, reagieren Sie als Empfänger ebenfalls auf eine bestimmte Art und Weise, nämlich auf der Grundlage Ihres Handlungsmusters. Dies ist auch gut so, weil wir damit gewährleisten, dass eine schnelle Kommunikation möglich ist. Stellen Sie sich vor, Sie müssten immer erst überlegen, ob Ihr Handlungsmuster richtig ist und Sie so und nicht anders antworten sollten. Gespräche würden so einfach nicht funktionieren. Nun erleben Sie aber immer wieder einmal Situationen, in denen Sie nach dem Gespräch denken: Das hätte ich auch anders sagen können, da hätte ich besser anders reagieren sollen. Nicht immer sind wir mit unseren Handlungsmustern aus der Empfängerperspektive einverstanden. Deshalb schauen wir uns jetzt an, wie unsere Handlungsmuster entstehen.

Achtung: Eisberg voraus!

Nach dem Begründer der Psychoanalyse, dem österreichischen Arzt Sigmund Freud (1856 – 1939), ist das Eisbergmodell ein wesentlicher Bestandteil der Kommunikation. Demnach handelt der Mensch zu 1/7 auf der Grundlage rationaler Entscheidungen – also nach dem Verstand – und zu 6/7 auf der Grundlage der Emotionen – also nach dem Gefühl. Dies trifft übrigens auf Frauen und Männer in gleicher Weise zu.

1/7 Verstand

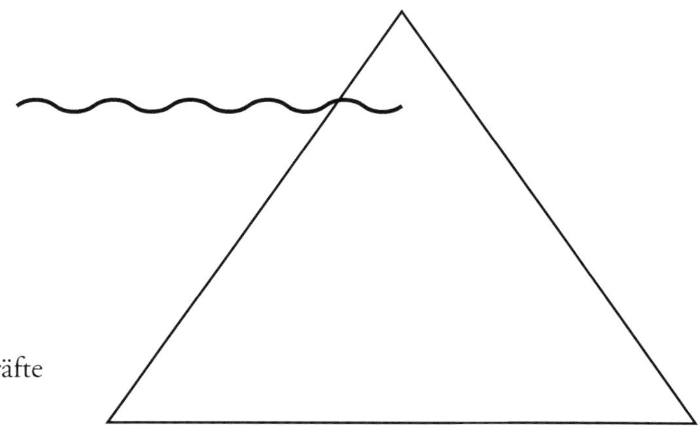

6/7 Gefühl
Wünsche
Bedürfnisse
Gedächtnis
Grundantriebskräfte
Triebe/Instinkte

Unsere Gefühle – also der Bereich unter der Wasseroberfläche – werden geprägt von unseren Wünschen und Bedürfnissen entsprechend unserer bisherigen Lebenssituation. Außerdem finden wir dort unsere Grundantriebskräfte, also alles das, was uns zum Handeln motiviert. Und dort sind unsere Triebe und Instinkte verankert, die uns vor allem unterbewusst steuern.

Vor allem ist in unserer Gefühlswelt unter der Wasseroberfläche unser Gedächtnis, das alle bisherigen Lebenserfahrungen abgespeichert hat, dies von unserer ersten Lebenssekunde an getan hat und täglich aufs Neue tut. Daraus können wir die Erkenntnis ableiten, dass unsere täglichen Erfahrungen unsere Handlungsmuster steuern und beeinflussen. Diese Handlungsmuster versetzen Sie in die Lage, ohne lange nachzudenken, das Richtige zu tun. Ein einfaches Handlungsmuster führt dazu, dass Sie vor einer roten Fußgängerampel stehen bleiben – oder die Straße bei Rot nur mit schlechtem Gewissen überqueren.

Dies ist nun Fluch und Segen gleichermaßen. Es ist Fluch, weil uns unser Unterbewusstsein zu Reaktionen verleitet, die spontan geschehen und die wir nur wenig beeinflussen können. Andererseits ist es aber auch ein Segen, weil wir in der Lage sind, gezielt neue Handlungsmuster einzuüben – und diese dann als neue Erfahrungen abzuspeichern. Das Ganze nennt man dann lernen und üben.

Im negativen Fall führt ein Handlungsmuster dazu, dass Sie in schwierigen Situationen auf eine bestimmte Art und Weise reagieren, obwohl eine andere Handlung vielleicht die viel bessere Reaktion gewesen wäre.

Dazu noch einmal das Beispiel des Grüßens. Diesmal geht es allerdings um Sie: Sie haben an Ihrem Arbeitsplatz 1000 Dinge im Kopf und 100 Dinge gleichzeitig zu erledigen. Es geht also richtig „rund". In dieser Situation bittet Sie Ihre Vorgesetzte, ihr ein Informationsblatt 20 Mal zu kopieren, weil sie das gleich zu einem Termin mitnehmen will. Sie ‚flitzen' zum Kopierer, der natürlich genau in diesem Moment versagt. *Das musste ja so kommen,* denken Sie. Also suchen Sie in Ihrer Firma schnell nach einem anderen Kopierer in einer anderen Abteilung. Schließlich wollen Sie Ihre Vorgesetzte nicht warten lassen.

Einige Zeit später sagt ein Kollege zu Ihnen: „Sie grüßen wohl auch nicht mehr jeden?" Es stellt sich heraus, dass Ihnen dieser Kollege auf dem Weg zum Ersatzkopierer begegnet ist, Sie ihn aber überhaupt nicht wahrgenommen und deshalb auch nicht gegrüßt haben.

Ihr erstes Handlungsmuster bei diesem Vorwurf ist sicher, dass Sie Ihr Verhalten erklären und sich verteidigen, dass Sie eben sehr viel zu tun hatten. Hinterher fragen Sie sich, ob es wirklich notwendig war, Ihr Verhalten vor dem Kollegen zu rechtfertigen. Vielleicht ärgern Sie sich sogar über sich selbst, weil Sie nicht einfach nur „Tut mir leid“ gesagt haben und zur Tagesordnung übergegangen sind. Denn schließlich hätte der Kollege auch merken können, dass Sie sehr in Gedanken und in Eile waren und das „Nicht-Grüßen“ keine böse Absicht war, zumal Sie im Kollegenkreis als sehr höflich und freundlich gelten.

Sie fühlten sich jedoch in der Situation überrumpelt, als Ihr Kollege Sie so verbal angegriffen hat. Deshalb konnten Sie Ihr Handlungsmuster nicht überdenken und haben mit einer Rechtfertigung reagiert, obwohl dies gar nicht nötig gewesen wäre.

Das Negative an einer Rechtfertigung ist ihre Wirkung bei den Gesprächspartnern. Etwas flapsig kann man sagen: Wer sich rechtfertigt, hat es nötig. Eine Rechtfertigung beinhaltet immer eine Erklärung des eigenen Verhaltens in bestimmten Situationen. Die Frage ist jedoch, ob Sie sich wirklich so erklären wollen und müssen. Bei genauerer Betrachtung stellen wir fest, dass in der Rechtfertigung oft die Aufforderung zur Diskussion liegt.

Auf das Beispiel des Grüßens bezogen bedeutet es Folgendes: Die Rechtfertigung, mit der Sie Ihr Verhalten erklären, könnte so lauten: „Oh, ich war in Eile, ich musste für Frau Meier schnell 20 Kopien machen und der Kopierer in unserer Abteilung war mal wieder kaputt. Immer wenn man den braucht, funktioniert er nicht. Deshalb habe ich Sie wohl nicht gesehen und habe Sie nicht gegrüßt. Das tut mir leid.“ Wenn Ihr Kollege Sie nun provozieren möchte oder Lust auf ein Streitgespräch hat, könnte der antworten: „War ja klar, dass Sie den Kopierer nicht bedienen können. Dabei sind die Dinger doch so einfach zu handhaben. Ich weiß gar nicht, was Sie immer haben.“ Oder: „Ja, Sie sind ja immer so in Eile, offensichtlich haben Sie so viel zu tun, dass Sie Ihre Arbeit nicht schaffen. Oder sind Sie so unflexibel?“ Sie sehen, in der Rechtfertigung bieten Sie viele Möglichkeiten zum Angriff und zur Provokation, falls Ihr Gegenüber darauf aus ist.

Mit einem einfachen: „Tut mir leid“ hätten Sie keine weitere Plattform für eine Diskussion gegeben.

Kommen wir zurück zu dem Eisbergmodell und den Handlungsmustern. Im Positiven haben wir nämlich die Chance, durch neue Erfahrungen unsere Handlungsmuster aktiv zu verändern. Nehmen wir ein weiteres Mal die Situation des Grüßens und der Rechtfertigung wie oben geschildert. Stellen Sie sich vor, Sie haben sich tatsächlich gerechtfertigt und ärgern sich nun über sich selbst, dass Sie dem Kollegen lang und breit erklärt haben, warum Sie ihn nicht gegrüßt haben. Der Kollege reagiert, indem er Sie provoziert. Wenn Sie nun immer wieder über Ihre Reaktion nachdenken und sich ärgern, dass Sie sich gerechtfertigt haben, verstärken Sie in Gedanken die reale Erfahrung. Ihr Unterbewusstsein speichert diese Erfahrung nun jedes Mal aufs Neue ab. Dies führt im schlimmsten Fall dazu, dass Sie sich ärgern, wenn Sie den Kollegen das nächste Mal nur schon von Weitem sehen.

Es geht auch anders: Stellen Sie sich wie bei einem inneren Film die real erlebte Situation mit dem Kollegen vor und sehen Sie sich diesmal zu, wie Sie sagen: „Tut mir leid“. Spielen Sie sich diesen „Film“ mehrmals im Kopf ab. Das Positive an unseren Erfahrungen und Handlungsmustern ist die Möglichkeit, in Gedanken neue Erfahrungen zu machen und dadurch unsere Handlungsmuster aktiv in bessere Reaktionen umzuwandeln. Das können wir als „Kopf-Kino“ bezeichnen.

Von der Sachebene und von der Beziehungsebene

Eine weitere Erklärung für unser Kommunikationsverhalten hält ebenfalls das Eisbergmodell für uns parat: Es erklärt den Unterschied zwischen Sachebene und Beziehungsebene.

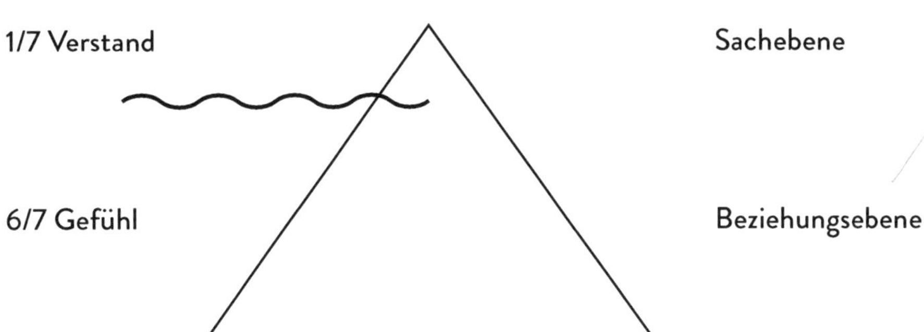

Wenn Sie in einer Situation rational reagieren, dann tun Sie dies mit dem Verstand. In der Kommunikation befinden Sie sich nach dem Eisbergmodell damit auf der Sachebene. Reagieren Sie in Situationen unbewusst und emotional, dann sind Sie auf der Beziehungsebene. Diese Tatsache erlaubt uns, auf vielfältige Weise zu kommunizieren.

In vielen Alltagssituationen agieren und reagieren Sie automatisch auf der Sachebene und damit über den Verstand gesteuert:

- Sie beschreiben einer Person den Weg von A nach B,
- Sie informieren Ihre Kollegin über das neue Speisenangebot Ihres Lieblingsitalieners,
- Sie erklären dem neuen Auszubildenden, wie der Drucker funktioniert,
- Sie stellen dar, welche Filme diese Woche im Kino gezeigt werden,
- Sie berichten über die Weihnachtsdekorationen im Blumenladen nebenan,
- Sie erläutern die vielfältigen Möglichkeiten, die eine Ferienwohnung bietet
- usw.

Über alle diese Dinge werden Sie sachlich sprechen.

Noch viel häufiger agieren und reagieren Sie automatisch auf der Beziehungsebene und damit über das Gefühl gesteuert:

- Sie beschreiben, wie wunderschön der Spazierweg von A nach B ist,
- Sie informieren Ihre Kollegin über all die neuen leckeren Pizza- und Pasta-Sorten, die Ihr Lieblingsitaliener anbietet,
- Sie erklären dem neuen Auszubildenden, dass es gar nicht so schwer ist, den Drucker zu bedienen, und zeigen ihm, wie es geht,
- Sie berichten über die bunte und glitzernde Weihnachtsdekoration im Blumenladen, wo Sie am liebsten alles kaufen würden,
- Sie erläutern die tolle Lage der Ferienwohnung und wohin man von dort aus wunderbar wandern kann
- usw.

Erkennen Sie den Unterschied? Auf der Sachebene agieren wir eher neutral und ohne Wertungen. Auf der Beziehungsebene kommen immer Emotionen mit ins Spiel. Sie können einen Sachverhalt sachlich oder emotional darstellen. Wie Sie dies tun, hängt entweder davon ab, wie wichtig Ihnen das Thema ist, wie tief Sie davon berührt sind, oder ob Sie eher emotional distanziert sind und das Thema neutral betrachten. In der Regel entscheidet allerdings Ihr Unterbewusstsein, welche Ebene Sie im Gespräch wählen. Selbstverständlich hängt dies ganz wesentlich von Ihren Gesprächspartnern ab. Sie haben es sicher schon erlebt, dass Sie mit manchen Menschen sachlich sprechen und andere Menschen wiederum sofort Ihre positiven oder negativen Emotionen ansprechen.

Je besser Sie eine Person kennen und je häufiger Sie mit ihr zu tun haben, desto emotionaler werden Sie mit ihr kommunizieren. Mit Personen, denen Sie nur selten oder noch nie begegnet sind, werden Sie eher sachlich kommunizieren.

Mit vier Ohren hören

Wie Sie gerade gelesen haben, kommunizieren wir eher aus unserer Gefühlswelt heraus, nämlich auf der Beziehungsebene. Dort sind die meisten unserer Handlungsmuster abgespeichert. Daher stellt sich die Frage: Wie können wir unsere Kommunikation so steuern, dass wir mehr über den Verstand agieren und dementsprechend auf der Sachebene im Gespräch bleiben?

Die Lösung liegt in dem Kommunikationsmodell des „Vier-ohrigen-Hörens" von Friedemann Schulz von Thun. Er ist deutscher Psychologe und Kommunikationswissenschaftler sowie Gründer des Schulz von Thun Instituts für Kommunikation in Hamburg.

In diesem Kommunikationsmodell wird beschrieben, dass wir nicht nur mit zwei Ohren hören, sondern mit vier Ohren. Daraus folgt, dass jede Nachricht, die wir senden und die wir empfangen, vier Seiten hat.

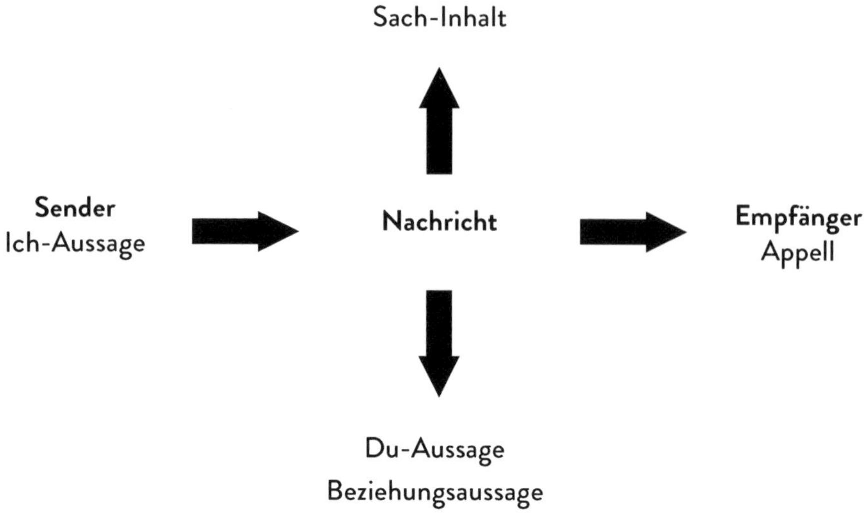

Schauen wir uns zunächst dieses Modell aus der Empfängerperspektive an. Sobald Sie eine Botschaft erhalten, haben Sie als Empfängerin die Wahl zwischen vier Möglichkeiten, auf welcher Kommunikationsebene Sie diese Botschaft ansiedeln wollen. Sie entscheiden, welches Ohr Sie aufsperren möchten.

Als Erstes betrachten wir das Sach-Ohr. Empfangen wir Nachrichten auf diesem Ohr, befinden wir uns auf der Sachebene. Hier stellen wir den Sach-Inhalt des Gehörten in den Mittelpunkt. Die Sachaussage und Information werden wahrgenommen, weil wir etwas über Tatbestände, Gegenstände und Inhalt erfahren. Die Art und Weise, wie diese Information gesendet wird, führt jedoch beim Empfänger häufig dazu, dass er eher das Wie als das Was „hört".

Dann können Sie das Ohr der Ich-Aussage öffnen. Damit hören Sie auf der Ebene der Selbstoffenbarung. In jeder Nachricht stecken auch Informationen über die Person des Senders. Ohne aktiv über sich selbst zu informieren, offenbart der Sender Teile seiner Persönlichkeit.

Als Nächstes kommt das Beziehungs-Ohr. Darin liegen alle unsere Emotionen. Wenn Sie das Beziehungs-Ohr öffnen, befinden Sie sich immer auf der Beziehungsebene.

Aus jeder Nachricht können wir entnehmen, was die Senderin vom Empfänger hält und wie sie die Beziehung zwischen sich und dem Empfänger sieht. Sie gibt Auskunft darüber, wie sie zueinander stehen. Diese Information wird oft nonverbal über die Körpersprache vermittelt: Mimik, Tonfall, Gestik, Körperhaltung.

Gerade wenn Sender und Empfängerin in einer engen Beziehung zueinander stehen, besteht die Gefahr, dass eher auf der Beziehungsebene kommuniziert wird. Die Wahrnehmung der Empfängerin ist jeweils durch die gute (oder auch schlechte) Beziehung geprägt. Besonders dann, wenn die Empfängerin mit dem Sender in der Vergangenheit eher schlechte Erfahrungen gemacht hat, wirken sich diese Erfahrungen mehr auf die Botschaft aus als der eigentliche Sach-Inhalt.

Und dann gibt es noch das Appell-Ohr. Dieses Ohr hört die Aufforderung zum Handeln, also den Appell, aus der Botschaft heraus. Fast alle Nachrichten haben die Funktion, auf den Empfänger Einfluss zu nehmen. Die Nachricht dient also auch dazu, den Empfänger zu veranlassen, bestimmte Dinge zu tun oder zu unterlassen, zu denken oder zu fühlen.

Stellen Sie sich folgende Situation während der Frühstückspause im Kollegenkreis vor: Reihum bringt jeder Mitarbeitende eine Packung Kekse mit in die Pause und alle bedienen sich.

Heute haben Sie ganz besondere Kekse mitgebracht, die Sie in einem Hofladen mit Bioprodukten gekauft haben. Diese Kekse sind aus reinen Naturprodukten hergestellt und waren erheblich teurer als die Kekse aus dem Supermarkt.

Nun sitzen Sie im Kollegenkreis zusammen, eine Kollegin nimmt sich einen Keks, beißt hinein und sendet folgende Botschaft: „Was ist das denn für ein komischer Keks? Der schmeckt ja ganz anders“.

Sie haben jetzt analog des Kommunikationsmodells des Vier-ohrigen-Hörens vier Möglichkeiten, diese Aussage aufzunehmen und entsprechend zu reagieren.

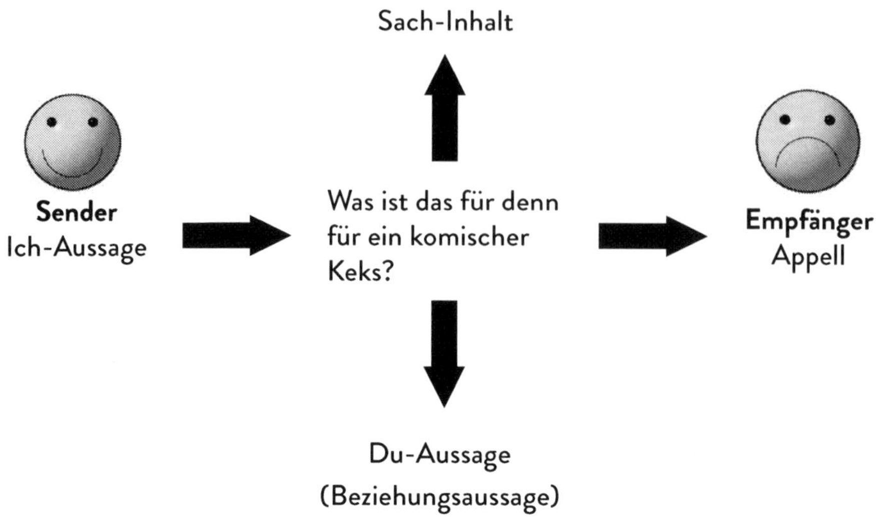

Das Sach-Ohr: „Das ist ein Keks aus Dinkel und Hafer.“
Sie stellen den Sachaspekt in den Mittelpunkt und antworten auf der Sachebene – selbstverständlich freundlich und höflich, ohne sarkastischen Unterton. Schließlich kommt es neben der Formulierung auch auf die Stimme an. Schaffen Sie es, hier konsequent auf der Sachebene und freundlich zu bleiben, wäre die Frühstückspause gerettet. Ein Konflikt wird vermieden.

Das Ohr der Selbstoffenbarung: „Schmeckt es dir mal wieder nicht?“
Sie interpretieren in das Gesagte der Kollegin die Ich-Aussage, dass ihr der Keks nicht schmeckt. Genauso gut könnten Sie auch wie auf der Sachebene antworten: „Das ist ein Keks aus Dinkel und Hafer“. In diesem Fall hätten Sie die Ich-Aussage so interpretiert, dass die Kollegin diese Kekssorte nicht kennt und nicht weiß, wie solche Kekse schmecken. Hier zeigt sich, dass Sie über Ihre Interpretation steuern, ob die Frühstückspause entspannt bleibt oder sich daraus ein Konflikt entwickelt. Denn mit der Antwort „Schmeckt es dir mal wieder nicht?“ zeigen Sie, dass sie sich provoziert fühlen und provozieren nun Ihrerseits.

Das Beziehungs-Ohr: „Dauernd hast du was zu meckern. Demnächst bringe ich auch nur noch Billigkekse aus dem Supermarkt mit.“ Oder: „Du kaufst immer nur Billigkekse und wenn ich mal etwas Gesundes mitbringe, meckerst Du nur rum.“

Sie fühlen sich durch die Frage nach dem Keks angegriffen. Da Sie vielleicht sowieso schon genervt waren, weil sich die Kollegin häufig über Dinge beschwert, hat Ihr Unterbewusstsein sofort die Frage der Kollegin als Angriff gewertet. Daraufhin gehen Sie in den Gegenangriff und versuchen, sich zu wehren. Auch mit dieser Reaktion ist die Frühstückpause wahrscheinlich gelaufen und die Stimmung für den Rest des Tages eher negativ.

Zum Glück haben Sie noch eine vierte Möglichkeit.

Das Appell-Ohr: „Soll ich lieber andere Kekse kaufen, die nicht mit Dinkel und Hafer hergestellt sind?"
Sie nehmen die Frage der Kollegin als Aufforderung zum Handeln auf und fragen nach, ob Sie den Appell richtig verstanden haben. Würde die Kollegin jetzt antworten: „Ja, das wäre mir sehr recht", wäre die Pause ebenfalls gerettet. Vielleicht würde die Kollegin sogar sagen, warum sie keine Dinkel-Hafer-Kekse mag: „Naturkost-Produkte vertrage ich nicht so gut, besonders wenn sie aus Dinkel und Hafer sind."

Die wichtigste Frage im Dialog lautet: Wer bestimmt, auf welcher Ebene die Kommunikation stattfindet? Die Antwort: Immer der Empfänger.

Es ist nie die Senderin der Botschaft, die die Ebene bestimmt, sondern immer der Empfänger. Für die Gesprächsführung heißt das, dass der Empfänger immer die Möglichkeit der Wahl hat. Wenn Sie sich von Ihrem Gesprächspartner angegriffen fühlen, haben Sie immer die Entscheidung, wohin Sie das Gespräch mit Ihrer Antwort steuern können. Außerdem können wir feststellen, dass die Reaktion auf der Sachebene oder der Appell-Ebene eher deeskalierend wirkt. Die Reaktion auf der Ebene der negativen Ich-Aussage (Selbstoffenbarung) und der Du-Aussage (Beziehungsebene) führt eher zur Eskalation.

Das hört sich alles ganz leicht an und ist doch so schwer, im Kommunikations-Alltag umzusetzen. Denn hier kommt wieder die Erkenntnis aus dem Eisbergmodell zum Tragen: Wir werden mehr durch unsere Gefühle als durch unseren

Verstand gesteuert. Und damit landen wir viel schneller auf der Beziehungsebene als auf der Sachebene.

Die gute Nachricht: Wie wir gesehen haben, können wir unsere Handlungsmuster aktiv verändern. Hier kommt jetzt wieder unser Kopfkino ins Spiel. Wenn Sie sich in einer Situation ertappen, in der Sie auf der Beziehungsebene kommuniziert haben, obwohl Sie eigentlich sachlich bleiben wollten, dann ärgern Sie sich bitte nicht über sich selbst. Besser ist, wenn Sie die Situation vor Ihrem inneren Auge noch einmal durchspielen und nun mit der Antwort oder Reaktion auf der Sachebene agieren. Nun speichert Ihr Gedächtnis diese positive Reaktion ab – und nicht nur die negative.

KAPITEL 2: SCHLAGFERTIGKEIT FÄLLT NICHT VOM HIMMEL

Verbale Attacken gekonnt parieren

Schlagfertigkeit fällt nicht vom Himmel. Sicher gibt es Menschen, die von Kindheit an gelernt haben, schlagfertig zu sein. Diese Menschen haben sich von klein auf mit den Geschwistern Wortgefechte geliefert, hatten die Möglichkeit, sich mit Erwachsenen schon früh verbal zu messen und konnten so in vielen Alltagssituationen ihre Schlagfertigkeit trainieren. Dies trifft aber nicht auf alle Menschen zu. Viele haben in ihrer Kindheit sowohl im Elternhaus als auch in der Schule eher erfahren, dass sie nicht vorlaut, patzig, frech, rechthaberisch usw. sein dürfen. Damit war das Terrain zum Üben von schlagfertigen Reaktionen eher begrenzt.

Schlagfertigkeit bedeutet in der Kommunikation, dass Sie die Fähigkeit zur Gegenwehr haben, argumentationsfähig sind und dies sogar mit Humor würzen können. Ein Beispiel aus dem Alltag: Ein Mann wird vor seinen Arbeitskolleginnen von einem Kollegen mit folgenden Worten bloßgestellt: „Na, Herr Müller, müssen Sie jetzt schon ein Hörgerät tragen?“ Die schlagfertige Antwort lautet: „Ja, und es ist sogar an.“ Oder: „Was haben Sie gesagt? Ich höre so schlecht.“ Damit hätte Herr Müller bestimmt die Lacher auf seiner Seite. Mit einer schlagfertigen Antwort verschaffen Sie sich Respekt gegenüber anderen, wirken souverän und erhöhen dadurch Ihr Selbstbewusstsein und Ihr Selbstwertgefühl.

Wenn uns dies im Kommunikations-Alltag immer so gelingen würde, wären wir mit uns und unseren Reaktionen im Umgang mit unserem Umfeld sehr zufrieden. Doch das ist leider nicht immer die Realität. In Wirklichkeit lassen uns verbale Angriffe im ersten Moment eher verstummen und wir reagieren irgendwie. Wenn wir dann Gelegenheit haben, über die Situation nachzudenken, fallen uns wunderbare Antworten ein – nur leider zu spät.

Warum ist das so? Der Grund dafür könnte sein, dass wir schüchtern sind oder dass wir andere nicht beleidigen wollen – obwohl wir selbst gerade beleidigt werden. Wir wollen unseren guten Ruf als nette Kollegin oder sympathischen Chef nicht verlieren und wir wollen vor anderen gut dastehen und positiv wahrgenommen werden.

Analyse, Strategie und Abwehr: So geht's

Verbale Attacken gehören jedoch zu Ihrem Kommunikations-Alltag und Sie werden sie nicht vermeiden können. Deshalb kann Ihnen helfen, diese Angriffe von anderen zuerst einmal zu analysieren und einzuordnen. Fragen Sie sich, warum Ihr Gegenüber so reagiert und Sie attackiert. Dazu bieten sich folgende Sortierkriterien an:

1. Angst vor Veränderung oder vor unbekanntem Neuem
2. Jemand will vor anderen besser dastehen
3. Jemand will seinen Status und seine Macht demonstrieren
4. Minderwertigkeitskomplexe sollen vertuscht werden
5. Entscheidungen können oder wollen nicht getroffen werden
6. Jemand will andere Menschen bewusst bloßstellen
7. Diskussionen sollen abgewürgt werden

Wie Sie im Gespräch diese Kriterien erkennen, zeigen die folgenden Beispiele dazu:

Nehmen wir an, Sie arbeiten in einem großen Geschäft für Fahrräder, das sich auf E-Bikes spezialisiert hat. Sie sitzen mit sechs Mitarbeitenden zusammen in einem Meeting, um neue Werbemaßnahmen zu besprechen. Sie unterbreiten Ihre Idee, zu den neuen E-Bike-Modellen eine Online-Präsentation durchzuführen, zu der ausgewählte Kunden eingeladen werden sollen. Zu diesem Vorschlag ernten Sie nun verschiedene Reaktionen:

1. Angst vor Veränderung oder vor unbekanntem Neuem

Eine Kollegin hat Angst vor dieser Form der Präsentation am PC und sagt dazu: „So etwas haben wir ja noch nie gemacht." Oder: „Wie soll das denn gehen?"

Dies sind klassische Killerphrasen, mit denen Bedenken geäußert werden und lieber auf alten Gewohnheiten beharrt werden will. Sie könnten darauf mit einer Rückfrage reagieren: „Was genau haben wir noch nie gemacht?" Oder: „Welche Bedenken hast du dagegen?"

Jetzt haben Sie die **Rückfrage** als Mittel für Schlagfertigkeit angewendet.

2. Jemand will vor anderen besser dastehen

Ein Kollege befürchtet, den Status als IT-Kenner zu verlieren, weil sich jetzt zeigt, dass sich andere aus dem Kollegenkreis auf diesem Gebiet auch gut auskennen. Deshalb bügelt er den Vorschlag ab: „Für Kunden eine Online-Präsentation durchzuführen, ist doch nichts für Laien."

Hier haben Sie es mit einem Besserwisser zu tun und Ihre Antwort könnte lauten: „Du meinst also, dass wir alle mindestens so viel Ahnung haben müssen wie du?" Auch hier haben Sie die Rückfrage-Taktik angewendet. Oder Sie machen dem IT-Kenner ein Kompliment und loben ihn: „Du hast natürlich von uns allen am meisten IT-Wissen. Vielleicht kannst du uns bei dieser Gelegenheit ein paar Tipps geben?"

Damit ist das **Kompliment** Ihre Taktik.

3. Jemand will seinen Status und seine Macht demonstrieren

Ein Kollege möchte gegenüber dem Kollegenkreis ihre Autorität demonstrieren: „Ob ich mich auf so etwas einlasse, das bestimme ich immer noch selbst."

Manche Menschen könnten nur schlecht damit umgehen, dass gute Vorschläge nicht von ihnen kommen und sie wollen demonstrieren, wer in der Gruppe das Sagen hat. Ihre Antwort bei sogenannten Machtmenschen: „Natürlich kannst du gerne bestimmen, was du den Kunden präsentieren möchtest."

Mit dieser **Umkehr-Technik** nehmen Sie autoritären Menschen den Wind aus den Segeln.

4. Minderwertigkeitskomplexe sollen vertuscht werden

Eine Kollegin befürchtet, nicht so gut mit einer Online-Präsentation für Kunden umgehen zu können wie die anderen Kollegen und damit im Kollegenkreis das Gesicht zu verlieren: „So ein blöder Vorschlag kann nur von dir kommen."

Niemand soll im Kollegenkreis merken, dass die Kollegin unter mangelndem Selbstvertrauen leidet und Minderwertigkeitskomplexe hat. Deshalb erfolgt diese verbale Attacke. Ihre Reaktion könnte sein: „Was findest du so blöd an dem Vorschlag?" Hier wenden Sie wieder die **Rückfrage** an. Oder: „Was könntest du denn blödes vorschlagen?" Das ist dann die **Umkehr-Technik**.

5. Entscheidungen können oder wollen nicht getroffen werden

Ein Kollege möchte diesen Vorschlag lieber vertagen, weil er sich noch nicht sicher ist, ob er diese Art der Werbung für Kunden überhaupt möchte: „Das müssen wir doch jetzt noch nicht entscheiden. Immer machst du uns Druck."

Mit dieser Attacke zeigt der Kollege, dass er sich gerne davor drückt, Entscheidungen zu treffen. Hier steckt die Angst dahinter, etwas Falsches zu tun oder sich zu früh auf etwas festzulegen. Ihre Antwort darauf: „Du meinst also, dass wir meinen Vorschlag vertagen sollten?"

Diese **Übersetzungs-Technik** zeigt der anderen Person, dass Sie sie verstanden haben und ernst nehmen.

6. Jemand will andere Menschen bewusst bloßstellen

Eine Kollegin will verhindern, dass Sie sich in den Mittelpunkt stellen und alle Sie für den Vorschlag loben: „Ich an deiner Stelle würde nicht so einen Blödsinn vorschlagen."

Der Grund für diesen Angriff könnten ebenfalls Minderwertigkeitskomplexe sein, die durch Frechheit überdeckt werden sollen. Sie könnten entgegnen: „Du meinst also, Online-Präsentationen sind blödsinnig?"

Auch hierbei handelt es sich um die **Übersetzungs-Technik**.

7. Diskussionen sollen abgewürgt werden
Ein Kollege will diese Diskussion abwürgen und startet den Angriff: „Selten habe ich so einen Mist gehört."

Dahinter steckt Ärger über sich selbst, weil diesem Menschen dieser tolle Vorschlag nicht selbst eingefallen ist. Deshalb dreht er den Spieß um und greift verbal an. Bestätigen Sie hier mit einem einfachen: „Stimmt" die Aussage, und Sie beenden ebenfalls die Diskussion.

Diese Taktik stellt die **Zustimmung** dar.

Wie können Sie diese Techniken nun im Alltag anwenden und trainieren? Wenn Sie angegriffen werden, haben Sie keine Zeit, erst zu überlegen, auf welcher Basis der sieben vorgenannten Kriterien die verbale Attacke erfolgt. Deshalb suchen Sie sich eine Strategie aus, die Sie künftig ausprobieren wollen. Dazu eignet sich sehr gut die Strategie der Rückfrage. Hier gilt der Grundsatz der Kommunikation: Wer fragt, der führt.

Nehmen wir dazu noch ein Beispiel: Jemand sagt zu Ihnen: „Das können Sie als (Frau, Mann, Kollege, Sachbearbeiterin …) doch gar nicht beurteilen." Ihre Rückfrage: „Was genau kann ich nicht beurteilen?". Damit nehmen Sie das Ruder für das Gespräch in die Hand und können Ihr Gegenüber steuern.

Dazu ein Zitat von Kurt Tucholsky, deutscher Journalist und Schriftsteller: „Der Vorteil der Klugheit liegt darin, dass man sich dumm stellen kann. Das Gegenteil ist schon schwieriger."

Raus aus der Rechtfertigungsfalle

Das Eisbergmodell hat Ihnen gezeigt, dass Sie eher auf der Beziehungsebene kommunizieren als auf der Sachebene. Wenn Sie im Gespräch Ihren Impulsen folgen, dann befinden Sie sich eher im Bereich der Emotionen. Das ist im normalen Kommunikations-Alltag gut so. Schließlich haben Sie „unter der Wasseroberfläche" des Eisbergs Ihre Handlungsmuster abgespeichert. Diese Handlungsmuster versetzen Sie in die Lage, spontan, richtig und gut zu reagieren.

Sie haben aber auch gelesen, dass es Situationen gibt, in denen Sie sich ein anderes Handlungsmuster gewünscht hätten und sich ärgern, dass Ihnen eine bessere Reaktion erst nach dem Gespräch eingefallen ist. Nun schauen wir uns das Handlungsmuster „Rechtfertigung" noch einmal genauer an. Den Impuls für eine Rechtfertigung erhalten Sie aus Ihrer Gefühlswelt heraus – Sie reagieren also auf der Beziehungsebene. Und wie Sie schon gelesen haben, besteht hier die Gefahr, dass

- Sie nicht ernst genommen werden,
- Sie sich und Ihr Verhalten mehr erklären, als es notwendig wäre,
- Sie die Plattform zur Diskussion liefern.

Wie kommen Sie aber nun raus aus der Rechtfertigungsfalle? Die Lösung bietet uns das Kommunikations-Modell des Vier-ohrigen-Hörens, das Sie im ersten Kapitel bereits kennengelernt haben.

Stellen Sie sich vor, Sie haben an Ihrem Arbeitsplatz an einem Meeting mit Kolleginnen und Kunden teilgenommen. Dieses Meeting fand im Besprechungszimmer statt und hat eine gute Stunde lang gedauert. Während dieser Zeit haben Sie Ihr Telefon an Ihrem Arbeitsplatz auf den Anrufbeantworter umgestellt, damit Sie zumindest indirekt zu erreichen sind. Sie kommen nun nach einer Stunde aus dem Meeting wieder an Ihren Arbeitsplatz zurück, prompt klingelt Ihr Telefon, Sie melden sich und werden sogleich von einem Kollegen angepampt: „Sie sind ja wohl nie zu erreichen, wenn man Sie mal braucht."

Ihr Handlungsmuster signalisiert jetzt „Angriff" und bietet Ihnen die Reaktion „Verteidigung" an. Deshalb antworten Sie: „Ich war gerade eine Stunde in einer Besprechung und war deshalb nicht zu erreichen." Und damit haben Sie Ihre Abwesenheit gerechtfertigt. Dabei wirken Sie allerdings nicht besonders souverän, weil Sie sich nun schlimmstenfalls mit dem Kollegen auf eine Diskussion über Ihre Erreichbarkeit einlassen müssen.

Nach dem Vier-Ohren-Modell stecken folgende vier Aussagen in dem Angriff „Sie sind ja wohl nie zu erreichen, wenn man Sie mal braucht":

1. Das Sach-Ohr

hört auf der Sachebene: Ich will etwas von Ihnen – und zwar jetzt.
Ihre Reaktion auf der Sachebene: „Was kann ich für Sie tun?"

Mit dieser Antwort stellen Sie den Sachaspekt der empfangenen Botschaft in den Mittelpunkt. Die Gefahr besteht darin, dass Sie eher das „Erreichen" anstatt das „Brauchen" in dem Angriff heraushören. Die Botschaft hinter der Botschaft des Senders ist, dass er Sie braucht. Schließlich ruft der Kollege ja genau deshalb gerade bei Ihnen an. Die mangelnde Erreichbarkeit ist demnach zweitrangig.

Die Kunst besteht also darin, den richtigen Sachaspekt in den Mittelpunkt zu stellen. Das kann nur gelingen, wenn wir einerseits die Bereitschaft haben, auf den Sachaspekt zu achten und andererseits gut zuhören und unsere Emotionen möglichst aus dem Spiel lassen. Das schaffen Sie, indem Sie diese Kommunikations-Strategie immer wieder trainieren. Die Kompetenz, auf der Sachebene kommunizieren zu können, fällt leider nicht vom Himmel – ist jedoch erlernbar!

2. Das Selbstoffenbarungs-Ohr

hört auf der negativen Seite: Ich wurde nicht „bedient" und bin verärgert.
Ihre Reaktion auf die Ich-Aussage: „Jetzt haben Sie mich ja erreicht."

Diese Antwort ist eine Belehrung und spricht bei dem Kollegen wiederum die Beziehungsebene an. Hier droht die Eskalation in der Weise, dass Ihr Kollege

Ihnen weitere Vorwürfe macht, warum Sie jetzt erst zu erreichen sind. Sie gießen damit Öl ins Feuer. Es geht auch anders:

Die Ich-Aussage mit positivem Charakter: Ich möchte bedient werden
Ihre Reaktion darauf: „Was kann ich für Sie tun?"

Hier haben wir jetzt dieselbe Antwort wie auf der Sachebene und sind damit deeskalierend unterwegs. Wie immer ist es Ihre Entscheidung.

3. Beim Beziehungs-Ohr
kommt an: Sie kümmern sich um alles Mögliche, nur nicht um mich.
Sie verteidigen sich: „Ich war gerade eine Stunde in einer Besprechung und war deshalb nicht zu erreichen."

Mit dieser Rechtfertigung erklären Sie Ihre Situation und Ihr Verhalten. Nur leider interessiert es den Kollegen überhaupt nicht, warum Sie nicht zu erreichen waren. Schließlich will er jetzt etwas von Ihnen. Weil er mit Ihrer Antwort nicht zufrieden ist, hakt er vielleicht nach: „Sie müssen eben Ihre Telefonarbeit besser organisieren." Sie fühlen sich wieder angegriffen und die Diskussion darüber, wie Sie Ihre Arbeit organisieren, geht los. Diese Diskussion startet jedoch nicht Ihr Kollege, sondern Sie mit der Rechtfertigung.

Eine weitere Reaktion auf der Beziehungsebene der Senderin könnte sein: „Sie hätten ja auf den Anrufbeantworter sprechen können, dann hätte ich Sie zurückgerufen." Das ist eine Belehrung für den Gesprächspartner und spricht ebenfalls seine Emotionen an, weil jetzt sein Verhalten als Gegenangriff kritisiert wird. Der Kollege könnte jetzt antworten: „Ich will nicht mit Ihrem Anrufbeantworter sprechen, sondern mit Ihnen." Sie sehen, die Diskussion geht wieder los.

Fazit: Gerade auf der Beziehungsebene haben Sie das Risiko, das Gespräch emotional zu führen und einen Streit zu provozieren.

4. Das Appell-Ohr

registriert die Aufforderung zum Handeln: Ich brauche etwas von Ihnen. Darauf antworten Sie: „Wie kann ich Ihnen helfen?“ oder: „Was brauchen Sie von mir?“

Auch dies ist eine Antwort, die den Sachaspekt des Brauchens in den Mittelpunkt stellt und damit eine Eskalation vermeidet.

Ein Tipp für Ihren Kommunikations-Alltag: Mit der Frage „Was kann ich für Sie (oder dich) tun?“ haben Sie immer die Möglichkeit, die Sachebene anzusteuern. Damit vermeiden Sie immer eine Provokation.

Dagegen ist die Aufforderung: „Können wir das jetzt mal sachlich klären?“ oder: „Bleib doch bitte mal sachlich“ immer eine Provokation für den Empfänger dieser Botschaft. Darin steckt der Vorwurf, dass die Gesprächspartner nicht sachlich sind. Die Eskalation ist quasi vorprogrammiert.

Die Sachebene als Feuerlöscher

Es ist oft schwierig, auf eine Erklärung und damit auf eine Rechtfertigung zu verzichten. Wenn Sie sich jedoch klarmachen, welche Möglichkeiten Ihnen die Dialogführung auf der Sachebene bietet, werden Sie feststellen, dass Sie dadurch Ihre Nerven schonen und viel Energie sparen können.

Deshalb noch zwei weitere Beispiele aus dem Kommunikations-Alltag, die Ihnen zeigen sollen, wie Sie die Rechtfertigungsfalle umgehen können:

Ihre Chefin bittet Sie zu Arbeitsbeginn, für ein Kundengespräch am Nachmittag eine Statistik zu erstellen. Ihre Chefin unterbricht Sie bei dieser Tätigkeit, indem sie Sie bittet, eben mal schnell noch dies und das zu erledigen. Dann kommt sie auf einmal an und sagt: „Sag mal, wann wirst du eigentlich endlich mal mit der Statistik fertig?“ Mit Sicherheit bietet Ihr Unterbewusstsein Ihnen jetzt die

Reaktion auf der Beziehungsebene an: „Wenn du mich nicht dauernd stören würdest, wäre ich schon dreimal fertig." Hier haben wir Angriff und Gegenangriff und am Ende haben wir Streit. Wenn Sie das nicht wollen, dann heißt es, einmal tief durchatmen und antworten: „In circa einer halben Stunde habe ich die Liste fertig." Damit haben Sie die Basis gelegt, um ein Streitgespräch zu vermeiden.

Ein weiteres Beispiel aus dem Arbeitsalltag: Sie sollten für Ihre Vorgesetzte einen Kundentermin vorbereiten, indem Sie dafür eine Präsentation erstellen. Nach dem Kundentermin kommt Ihre Vorgesetzte zu Ihnen und sagt: „Die Präsentation war fehlerhaft, ich stand vor dem Kunden schlecht da." Sie bleiben gelassen und antworten: „Was genau war fehlerhaft?" Als Antwort erhalten Sie die Information: „Auf einer Folie war ein Rechtschreibfehler." Daraufhin erkundigen Sie sich: „Und was war außerdem noch falsch?" Antwort Ihrer Vorgesetzten: „Sonst nichts."

Sie haben jetzt zwei Erkenntnisse gewonnen: Einerseits war auf einer Folie ein Rechtschreibfehler, andererseits hat Ihre Vorgesetzte schlechte Laune und sucht ein Ventil dafür. Sie waren in dieser Situation für die Vorgesetzte der Punchingball.

Jetzt ist es an Ihnen, wie Sie mit dieser Situation umgehen. Sie können sich jetzt lange über das Verhalten Ihrer Vorgesetzten ärgern, das kostet Sie Energie. Sie können aber auch die ganze Angelegenheit aus einer anderen Perspektive betrachten. Sie haben durch Ihre souveräne Reaktion auf der Sachebene das Gespräch sachlich gesteuert und somit den Dialog mit Ihrer Vorgesetzten in die Richtung gelenkt, die Sie wollen. Also können Sie die Angelegenheit auch positiv und als Ihren Gewinn betrachten.

Manchmal gibt es Situationen, die uns wirklich sprachlos machen. Wir sind entsetzt darüber, was sich andere Menschen uns gegenüber erlauben oder herausnehmen. Auch dazu ein Beispiel: Sie haben in Ihrem Büro die Schränke und Regale ‚ausgemistet' und alles, was Sie entsorgen wollen, auf Ihren Schreibtisch gepackt. Nun kommt ein Kollege herein, sieht das Chaos und sagt: „Wie sieht es denn hier schon wieder aus? Ordnung war wohl noch nie deine Stärke.“ Diese Provokation lassen Sie an sich abprallen, indem Sie sagen: „Aha“ – und sonst nichts! Damit haben Sie ein Stoppschild hochgehoben und das Gespräch absichtlich und bewusst beendet. Sie wollen diese Unverschämtheit einfach nicht kommentieren.

Ein kurzes „Aha“, „Soso“, „Bitte?“ ist auch eine Form von Schlagfertigkeit. Sie zeigt dem Gegenüber, dass Sie sich so nicht weiter unterhalten wollen.

Berechtigte Kritik – und jetzt?

Bisher haben Sie erfahren, wie Sie mit verbalen Attacken umgehen. Im Alltag kommt es ebenfalls zu vielen Situationen, in denen die Kritik von anderen an Ihnen berechtigt ist. Und jetzt? Sind jetzt Rechtfertigungen und Erklärungen angemessen?

Auch bei gerechtfertigter Kritik gilt, weiterhin souverän zu reagieren und ebenfalls sachlich zu bleiben. Wenn Sie kritisiert werden, wollen Ihre Gesprächspartner auch keine langwierigen Erklärungen dazu, warum ‚das Kind in den Brunnen gefallen ist‘. Besser ist es, Sie geben eine kurze Erläuterung und stellen in Aussicht, wie die Lösung oder Verbesserung der Situation erfolgen kann.

Sie werden von Ihrem Chef kritisiert, dass Sie kein Kopierpapier nachbestellt haben. Wenn Sie jetzt lang und breit erklären, warum Sie das vergessen haben, dann haben Sie trotzdem kein Kopierpapier: „Herrje, ich habe auch so viel im Kopf heute. Man kann ja mal was vergessen. Und außerdem, warum muss ich eigentlich immer das Papier bestellten?“ Viel besser ist es, wenn Sie die Kritik annehmen: „Oje, das hab ich vergessen. Ich rufe sofort beim Lieferanten an und bestellt neues Papier.“ Damit haben Sie mit Ihrer Antwort die Lösung in den Mittelpunkt gestellt und nicht Ihr Versäumnis.

Nehmen wir noch ein Beispiel aus dem Arbeitsalltag: Sie sitzen bei einem Kunden und wollen fünf Produkte in ihrer Funktion erläutern. Leider haben Sie von einem Produkt die technischen Daten vergessen. Schließlich wurde der Kundentermin kurzfristig vereinbart und Sie haben auf die Schnelle die Funktionsbeschreibung vergessen. Einerseits können Sie sich jetzt beim Kunden entschuldigen mit den Worten: „Bitte entschuldigen Sie, dass die technischen Daten für Produkt X nicht vorliegen. Ich habe das in der Eile vergessen. Der Termin wurde ja auch sehr kurzfristig anberaumt." Was hat Ihr Kunde von dieser Aussage? Richtig, nichts. Ganz im Gegenteil. Schlimmstenfalls gewinnt er noch den Eindruck, dass Sie schusselig sind.

Souverän und sachlich antworten Sie: „Bitte entschuldigen Sie, dass die technischen Daten für Produkt X fehlen, ich reiche Ihnen das morgen per E-Mail nach und rufe Sie am Vormittag dazu an. Wann genau kann ich Sie gut erreichen?" Damit haben Sie die Lösung und nicht das Problem in den Mittelpunkt gestellt.

Mit Rechtfertigungen und langatmigen Erklärungen kommen wir auch bei berechtigter Kritik nicht weiter. Auch hier gilt es auf der Sachebene zu bleiben und lösungsorientiert zu reagieren. Damit sind Sie in jedem Gespräch auf der Gewinnerseite. Bestenfalls betrachten beide Gesprächspartner den Dialog als gelungen.

Wohl dosiert entschuldigen

Ihnen ist ein Fehler unterlaufen und Sie wollen sich dafür entschuldigen. Das zeigt in jedem Fall Größe und Souveränität. Allerdings sollten Sie Ihre Entschuldigung wohl dosieren und dem Missgeschick nicht mehr Bedeutung geben, als es wirklich hat.

Deshalb gilt: Entschuldigen Sie sich nicht für jede Kleinigkeit. Sie haben eine Frage an Ihre Kollegin und wollen sie kurz ansprechen. Falsch ist zu sagen: „Entschuldigung Frau Berger, kann ich Sie einmal kurz stören?" Allein schon das Wort „stören" hat einen negativen Charakter und sagt damit über Ihr Tun etwas Negatives aus. Besser ist es, wenn Sie zu Frau Berger gehen, sie kurz mit Namen ansprechen und Ihr Anliegen vorbringen: „Frau Berger, ich benötige eine Information zum Thema X." Durch das Ansprechen Ihrer Kollegin mit Namen und einer kleinen Pause danach erzeugen Sie die Aufmerksamkeit, die Sie für Ihre Frage oder Ihr Anliegen benötigen.

Bleiben Sie bei Ihrer Entschuldigung selbstbewusst. Den Satz: „Entschuldigung, dass ich zu spät komme", können Sie in einer Bittstellerhaltung vortragen, in der Sie buchstäblich vor Ihren Gesprächspartnern ‚einknicken'. Sie können aber auch in selbstbewusster und aufrechter Haltung mit geradem Rücken und einem Lächeln Ihre Entschuldigung vorbringen. Auch wenn etwas falsch läuft, ist das noch lange kein Grund, gleich ‚zusammenzubrechen'.

Vermeiden Sie, schlecht über sich selbst zu sprechen. Sie haben einen Defekt an Ihrem Auto und fahren deshalb in die Werkstatt. Auf die Frage, was an Ihrem Wagen kaputt ist, antworten Sie: „Ich habe keine Ahnung. Die Kupplung ruckelt so komisch. Ich weiß auch nicht, woher das kommt. Mehr kann ich Ihnen auch nicht sagen." Selbstverständlich sind Sie kein Automechaniker. Sonst könnten Sie Ihr Fahrzeug auch selbst reparieren. Stellen Sie sich nicht selbst schlecht dar. Deshalb ist es besser, wenn Sie erklären: „Die Kupplung ruckelt so komisch, besonders beim Anfahren aus dem Stand." Nun haben Sie die Sache – nämlich das Auto – und nicht Ihre Kompetenz in den Mittelpunkt gestellt. Das wirkt selbstbewusst.

Ein anderes Beispiel: Sie haben schlicht und einfach etwas vergessen. Nun können Sie Ihr Versäumnis zugeben mit den Worten: „Ich bin wirklich zu blöd, dass ich daran nicht gedacht habe." Ihr Gegenüber versteht, dass Sie blöd sind. Wollen Sie das? Genauso gut können Sie auch sagen: „Es tut mir leid, dass ich daran nicht gedacht habe."

Vermeiden Sie in diesem Zusammenhang auch die Aussage: „Meine Wenigkeit". Dieser Ausdruck wird oft verwendet, wenn wir uns eher zurückhaltend äußern wollen: „Meine Wenigkeit hat nicht viel zum Erfolg der Verhandlungen beigetragen." Oder: „Meine Wenigkeit kann nichts dazu sagen." Mit solchen Begriffen erzeugen Sie Bilder bei Ihren Gesprächspartnern über sich, die Sie bestimmt nicht beabsichtigen.

Blicken Sie außerdem nach vorne. Ist Ihnen ein Fehler unterlaufen und Sie haben sich dafür entschuldigt, lassen Sie den Fehler Vergangenheit sein und gehen Sie nicht immer wieder auf das Missgeschick ein.

Unzufriedene Kunden beschweren sich

Schauen wir uns noch einige knifflige Situationen im Arbeitsalltag an. Sehr unangenehm ist es, wenn sich Kunden bei Ihnen beschweren und ihren Unmut über tatsächliche oder vermeintliche Fehler äußern.

Relativ einfach sind die Situationen zu meistern, in denen Sie oder Ihre Firma tatsächlich etwas falsch gemacht haben. Hier können Sie sich schnell entschuldigen und für den Kunden – hoffentlich – eine Lösung finden. Viel schwieriger ist es für Sie, wenn die Kunden gleich lospoltern und ungehalten reagieren – oder Sie sogar verbal angreifen.

Auch hier gilt: immer schön auf der Sachebene kommunizieren. Es gibt ganz klassisch drei Schritte, um unzufriedene Kunden zu beruhigen:

1. Zuhören

Egal wie die Kunden mit Ihnen sprechen und ihre Unzufriedenheit äußern, hören Sie gut zu. Konzentrieren Sie sich auf das Gesagte und hören Sie heraus, was aus Sicht der Kunden schiefgelaufen ist. Mit dieser Methode zwingen Sie sich selbst, mehr auf das WAS zu hören als auf das WIE. Sie hören mit dem Sach-Ohr und stellen den Sachverhalt in den Mittelpunkt. Das ist besser, als mit dem Beziehungs-Ohr zu hören. Denn damit würden Sie eher die Art und Weise, wie die Kunden mit Ihnen sprechen, in den Fokus rücken. Übrigens haben Sie am Telefon die Möglichkeit, sich Notizen zu machen. Das zwingt Sie automatisch, mehr auf den Sachaspekt zu hören.

2. Verständnis zeigen

Ihre Kunden wollen verstanden werden. Deshalb ist es wichtig, ihnen in Ihrer

Antwort eine Rückmeldung zu geben, welche Botschaft bei Ihnen angekommen ist. Dazu gibt es zwei gute Formulierungen:

- „Es tut mir leid, dass der Pullover beim ersten Waschen gleich eingelaufen ist."
- „Ich kann gut verstehen, dass Sie sehr verärgert sind, weil der Pullover beim ersten Waschen eingelaufen ist."

Achtung: Bitte sorgen Sie dafür, dass Ihre Stimme zu dieser Aussage passt und vermeiden Sie unbedingt, dass Sie sarkastisch klingen. Ihre Rückmeldung sollten Sie ernst meinen, damit Ihre Kunden Sie auch richtig verstehen.

3. Eine Lösung anbieten

Entweder haben Sie die Lösung für die Probleme Ihrer Kunden gleich parat. Dann können Sie diese sofort anbieten. Schwieriger wird es, wenn Sie Ihre Kunden vertrösten müssen, weil Sie den Sachverhalt zunächst prüfen müssen, bevor Sie eine Lösung finden können. Eventuell müssen Sie sich auch erst mit anderen Bereichen in Ihrer Firma abstimmen, was nicht unbedingt sofort erledigt werden kann. Jetzt kommt es darauf an, dass Sie Ihre Kunden nicht hinhalten, sondern Ihnen verbindlich gegenübertreten: „Bitte geben Sie mir etwas Zeit. Ich muss den Sachverhalt prüfen und schauen, welche Lösung ich Ihnen anbieten kann. Ich melde mich bis spätestens morgen Vormittag bei Ihnen. Wann kann ich Sie gut erreichen?"

Hinweis: Selbst wenn Sie bis morgen Vormittag noch keine Lösung haben, rufen Sie Ihre Kunden trotzdem zum vereinbarten Zeitpunkt an und berichten Sie, wie der Stand der Dinge ist. Damit schaffen Sie Verbindlichkeit und gewinnen das Vertrauen der Kunden zurück.

KAPITEL 3: DIE SÄULEN DER GESPRÄCHS-FÜHRUNG

Leitsätze für eine gute Gesprächsführung

Eine gute Gesprächsführung ist nicht immer leicht. Deshalb sollten Sie einige Leitsätze dazu beachten:

1. Aktiv zuhören und die anderen verstehen

Aktives Zuhören bedeutet, dass Sie Ihr Gegenüber verstehen und das Gesagte nachvollziehen können, und zwar sowohl inhaltlich als auch emotional. Dazu sind mehrere Schritte erforderlich. Welche das sind, erfahren Sie im nächsten Unterkapitel.

2. Die eigene Wahrnehmung überprüfen und hinterfragen

Sie haben im ersten Kapitel dieses Buches schon viel über die Wahrnehmung gelesen. Gerade beim aktiven Zuhören spielt sie eine besonders große Rolle. Wenn Sie sich nur darauf verlassen, was Sie gerade im Gespräch wahrgenommen haben, liegt hier der Nährboden für Missverständnisse. Deshalb ist es wichtig, das Gehörte zu hinterfragen und dem Gegenüber eine Rückmeldung zu geben. Dazu ist die Paraphrase ein geeignetes Mittel, das Sie ebenfalls in diesem Kapitel kennenlernen werden.

3. Lob und Anerkennung aussprechen

Ernst gemeintes Lob und ehrliche Anerkennung sind für Ihr Gegenüber eine große Motivation. Es gibt den Satz „Nichts gesagt ist genug gelobt". Dies ist eine der schlimmsten Einstellungen den anderen gegenüber. Wir alle hören gerne, dass uns andere Menschen Wertschätzung entgegenbringen.

Oft reicht es schon, dass Sie sich richtig bedanken. Ein einfaches „Danke“ ist sicher oft angebracht. Ein detaillierter Dank kommt bestimmt noch besser an: „Danke, dass Sie so schnell reagiert haben.“ Nehmen Sie die Gelegenheit wahr und bedanken Sie sich mit den passenden Worten, indem Sie Ihrem Gegenüber genau sagen, was sie oder er gut gemacht hat.

Achtung: Übertreiben Sie es nicht. Manche Menschen bedanken sich bei anderen ständig und überall. Das wirkt irgendwann nicht mehr glaubhaft. Die Situation, in der Sie sich bedanken, sollte auch einen Dank wert sein. Sie gehen zum Beispiel mit jemandem einen langen Flur entlang. Diese Person hält Ihnen ständig die Flurtüren auf, durch die Sie gemeinsam gehen müssen. Wenn Sie sich nun bei jeder Tür immer wieder mit einem „Dank“ erkenntlich zeigen, wirkt dies schnell übertrieben. Oder wenn Ihnen beim Einkaufen der Verkäufer mehrere Teile über die Theke reicht, müssen Sie sich auch nicht für jedes Teil bedanken. Das ist dann irgendwann eher lächerlich.

Gleiches gilt auch für das Wort „Bitte“. Heute ist es sogar oftmals üblich geworden, im Rahmen besonderer Serviceorientierung den Kunden gegenüber nicht nur „Bitte“ zu sagen, sondern „Bitte gerne“. Auch hier müssen Sie aufpassen, dass Sie nicht übertreiben. Es nervt irgendwann, wenn die Kellnerin im Restaurant bei allem, was sie Ihnen bringt, „Bitte gerne“ sagt.

4. „Ich“ anstatt „man“

Was für ein Unterschied: „Ich mag Krimis im Allgemeinen sehr gerne“ oder „Man mag Krimis im Allgemeinen sehr gerne“. Im ersten Satz stehen Sie zu Ihrer Aussage, im zweiten Satz ist unklar, ob sich die Aussage auf Sie bezieht. Ein anderes Beispiel: „Man weiß ja, dass das nichts bringt“ oder „Ich weiß, dass das nichts bringt“. Die ‚Man-Sätze‘ sind überflüssig, denn sie haben keine konkrete Aussage und sind deshalb im Gespräch mit anderen völlig sinnlos. Leider zeigt uns der Kommunikations-Alltag immer wieder, wie gerne diese ‚Man-Sätze‘ benutzt werden. Wenn Sie diese negative Rhetorik für sich vermeiden möchten, achten Sie einmal bei anderen darauf, wie oft sie verwendet wird. Dies schult Ihre Wahrnehmung und führt dazu, dass Sie selbst eher darauf verzichten.

5. Konjunktive – Möglichkeitsformen – vermeiden

„Ich möchte Ihnen zum Geburtstag gratulieren." Dieser wohlgemeinte Satz geht leider völlig an der Realität vorbei. Wenn Sie einer Person gratulieren wollen, dann tun Sie es auch: „Herzlichen Glückwunsch zum Geburtstag." Konjunktive sind Möglichkeitsformen und sollten auch nur als solche verwendet werden. „Ich möchte heute Abend pünktlich nach Hause kommen" ist der richtige Satz. Denn hier drückt das Wort ‚möchte' eine Möglichkeit aus und ist damit sinnvoll. Im letzten Kapitel dieses Buches erhalten Sie detaillierte Informationen zu guter und schlechter Rhetorik im Alltag.

6. Belehrungen und Ratschläge vermeiden

Wie schnell sind wir mit wohlmeinenden Ratschlägen? Auch hier spielt uns unser Unterbewusstsein oft Streiche. Sie meinen es nur gut mit einer Aussage wie: „Das hilft dir bestimmt bei deinen Kopfschmerzen" oder: „Du musst dich nur an das Rezept halten, dann gelingt dir der Kuchen". Leider kommen Belehrungen und Ratschläge bei Ihrem Gegenüber selten positiv an. Deshalb erfahren Sie später in diesem Kapitel, warum Ratschläge auch ‚Schläge' sind.

Eine gute Gesprächsführung erfordert einiges an Einfühlungsvermögen und vor allem an Übung. Im Alltag erleben wir immer wieder Situationen, in denen wir uns nicht wohlfühlen oder unser Gesprächsziel nicht erreichen. Gerne suchen wir dann die Schuld bei unseren Gesprächspartnern. Tatsache ist jedoch, dass auch wir immer unseren Anteil daran haben, wenn Gespräche nicht optimal verlaufen. Die Säulen der Gesprächsführung zeigen Ihnen auf, welche Chancen Sie haben, Gesprächen eine positive Richtung zu geben, wertschätzend miteinander umzugehen und Ziele gut zu erreichen.

Der deutsche Philosoph Rupert Lay sagt dazu: „Wer andere Menschen groß macht, wird selbst groß. Wer andere klein macht, wird selber klein."

Aktiv zuhören statt hinhören

Es sagt sich so leicht, dass wir ja wohl zuhören können. Das ist nun wirklich keine Kunst. Doch! Der große Unterschied zwischen aktivem Zuhören und einfachem Hinhören besteht darin, dass wir die Nachrichten verstehen, die wir bekommen – oder eben auch nicht.

Machen Sie den Test: Wenn Sie im Auto unterwegs sind und Nachrichten hören, hören Sie in der Regel nur hin. Bestenfalls konzentrieren Sie sich gerade auf den regen Verkehr in der Stadt. Fahren Sie über Land mit wenig Verkehr, bekommen Sie wahrscheinlich von den Nachrichten im Radio mehr mit, weil Sie aufmerksamer zuhören können. Schließlich sind Sie nicht so abgelenkt, als wenn Sie mit viel Verkehr unterwegs sind. Probieren Sie es aus. Sie können den Test auch noch steigern, indem Sie sich während des Autofahrens über ein bestimmtes Thema intensiv Gedanken machen. Wenn Sie jetzt in der Stadt mit viel Verkehr unterwegs sind, gehen die Nachrichten im Radio bestimmt völlig an Ihnen vorbei. Auch auf der Fahrt über Land mit vielen Gedanken im Kopf bekommen Sie von den Nachrichten nicht besonders viel mit.

Je größer die Ablenkung ist, desto weniger verstehen wir empfangene Botschaften. Ihre Gesprächspartner bekommen deutlich mit, ob Sie zuhören oder hinhören. Zuhören bedeutet für die anderen, dass sie Empathie erfahren und sie haben ein Gefühl von Wertschätzung. Vielleicht empfindet Ihr Gegenüber es sogar als Kompliment, wenn Sie aktiv zuhören.

Leider ist es aber oft anstrengend, aktiv zuzuhören. Sie kennen bestimmt folgende Situationen:

Kollegen

- berichten Ihnen zum x-ten Mal von ihrer neuen Wohnung,
- ergehen sich in ausführlichen Darstellungen über ihre letzten Erfolge beim Kunden,

- nörgeln immer wieder über die Kollegin vom Kundenservice,
- erzählen ausschweifend und umständlich von ihrer Fahrradtour am Wochenende.

Hier ist Ihrerseits viel Geduld gefordert, wenn Sie trotzdem aktiv zuhören wollen. Im Unterkapitel über die Paraphrasen erhalten Sie zu diesen Situationen Lösungen.

Wie geht das nun, dieses aktive Zuhören? Der Erfolg besteht aus fünf Schritten:

1. Nehmen Sie Ihr Gegenüber wahr

Auch das klingt erst einmal sehr einfach. Sie schauen Ihr Gegenüber natürlich an, wenn er oder sie mit Ihnen spricht. Aber tun Sie das wirklich? Was würde passieren, wenn ein Mann mit einem Vollbart vor Ihnen stehen würde und er hätte vom Mittagessen noch Senf im Bart. Würde das nicht magisch Ihren Blick darauf lenken? Gleiches gilt für äußerliche Merkmale, zum Beispiel ein Feuermal im Gesicht.

Die Körpersprache Ihres Gegenübers kann ebenfalls dafür sorgen, dass Sie den Menschen nicht richtig wahrnehmen. Was ist, wenn sich Ihr Gegenüber auf den Stuhl fläzt und Ihnen damit signalisiert, dass kein Interesse an einem Gespräch mit Ihnen besteht, obwohl er oder sie sich gerade mit Ihnen unterhält? Oder Ihr Gegenüber beschäftigt sich mit seinem Smartphone, während er oder sie Ihnen gerade eine Frage stellt? Alles das kann Sie ärgern und dieser Ärger führt direkt zur Ablenkung. Diese Störfaktoren beeinträchtigen Ihre Wahrnehmung sofort.

Natürlich geht es auch anders herum: Sie fläzen sich in Ihren Bürostuhl, während Ihre Kollegin von ihrem letzten Urlaub berichtet oder Sie wenden sich Ihrem Smartphone zu, während die Kollegin Sie um Informationen zum Thema X bittet. Das wird Ihr Gegenüber ebenso ärgern.

Achten Sie auf Ihre Körpersprache. Aktives Zuhören bedeutet für Sie, dass Sie sich Ihrem Gegenüber mit dem Körper zuwenden und vor allem Ihr Gegenüber anschauen. Der Blickkontakt signalisiert am intensivsten, dass Sie Interesse an Ihren Gesprächspartnern haben.

2. Hören Sie aufmerksam zu

Haben Sie schon einmal folgende Situation erlebt? Sie treffen auf dem Weg zum Firmenparkplatz eine Kollegin, von der Sie wissen, dass sie gerne weitschweifig über Belanglosigkeiten berichtet. Die Kollegin kommt gerne vom Groben ins Detail und führt alles bis ins Kleinste aus. Sie befürchten, wenn Sie jetzt stehen bleiben, dass Sie lange aufgehalten und ‚zugetextet' werden. Da Sie höflich sind, bleiben Sie natürlich stehen, begrüßen die Kollegin und hoffen innerlich, dass Sie sich jetzt nicht stundenlang irgendeinen Quatsch anhören müssen. Auf einmal registrieren Sie, dass Ihre Kollegin interessante Informationen zu einem neuen Projekt hat, die auch für Sie wichtig sind. Beinahe hätten Sie das gar nicht mitbekommen, da Sie ja ganz andere Befürchtungen hatten.

Sie sehen, auch hier können unsere Handlungsmuster uns Streiche spielen. Wir haben ‚aus dem Bauch heraus' bestimmte Erwartungen, die zu bestimmtem Verhalten unsererseits führen. Schlimmstenfalls führen sie dazu, dass wir nur hinhören statt zuhören.

Entscheiden Sie nicht gleich zu Beginn, dass alles, was Ihre Gesprächspartner erzählen, uninteressant oder falsch ist. Geben Sie ihnen einen Vertrauensvorschuss.

Es kann Ihnen auch helfen, die Welt mit den Augen des Gesprächspartners zu sehen. Warum ist es Ihrem Gegenüber wichtig, über dieses Thema zu sprechen, über dieses Erlebnis zu berichten, diesen Ärger loszuwerden usw.

Nehmen wir noch einmal die Kollegin, die gerne viel und lange erzählt. Vielleicht ist es so, dass diese Person allein lebt, keine Freunde hat und in ihrer Freizeit den ganzen Tag zu Hause verbringt. Deshalb nimmt sie gerne jede Gelegenheit wahr, mit anderen zu kommunizieren, wo immer es möglich ist. Jetzt bekommt das negative ‚Geschwätz' auf einmal eine positive Richtung. Sie tun dieser Kollegin einen großen Gefallen, wenn Sie ihr eine Plattform zur Kommunikation geben, die sie sonst nur sehr selten hat. Hier schaffen Sie eine Win-win-Situation. Sie tun Ihrer Kollegin etwas Gutes und Ihr Gegenüber hat einen glücklichen Tag, weil sie Sie heute getroffen hat.

3. Motivieren Sie zum Reden

Bis jetzt haben Sie darüber gelesen, wie Sie mit Menschen umgehen, die gerne viel erzählen und langatmig reden. Was ist aber mit den Gesprächspartnern, die lieber schweigen und andere reden lassen? Was ist mit denen, die sich gerne jedes Wort aus der Nase ziehen lassen?

Hier haben Sie die Möglichkeit, mit den verschiedenen Fragetechniken zu agieren. Im Unterkapitel dazu erfahren Sie, welche Techniken es gibt und welche Sie wann anwenden können.

Achtung: Es gibt Menschen, die wollen sich vielleicht auch ganz bewusst nicht mit Ihnen unterhalten. Sie nehmen an einem Fachvortrag teil, der in einem Vortragsraum stattfindet. Bevor es losgeht, stehen alle Teilnehmenden in einem großen Vorraum und warten, dass die Türen zum Vortragsraum geöffnet werden. Sie sind allein unterwegs und stehen neben einer Person, die Ihnen ganz sympathisch erscheint. Sie sprechen sie an, um die Wartezeit mit ein wenig Small Talk zu überbrücken: „Haben Sie schon einmal etwas von dieser Autorin gelesen?“ Antwort: „Nein.“ *Oje,* denken Sie, *und jetzt*? Sie starten einen zweiten Versuch: „Sind Sie das erste Mal zu einer Autorenlesung hier?“ Antwort: „Nein, ich bin hier Dauergast.“ Wieder Schweigen. Hier haben Sie es mit einem Menschen zu tun, der sich ganz klar nicht unterhalten will. Es spielt keine Rolle, ob dieser Mensch Sie unsympathisch findet oder sich einfach nicht unterhalten will. Sie akzeptieren das Schweigen und gehen ein Stück weiter, um zu diesem Menschen Distanz zu schaffen. Sie empfinden diese Situation nicht als negativ, weil Sie wissen, dass jeder Mensch das Recht hat, sich nicht mit Ihnen unterhalten zu wollen. Das hat überhaupt nichts mit Ihnen zu tun. Der andere Mensch hat entschieden, keinen Small Talk führen zu wollen.

4. Fassen Sie das Gehörte zusammen

Sie haben schon einiges über Missverständnisse in diesem Buch gelesen. In diesem Schritt zum aktiven Zuhören geht es noch einmal darum, die empfangene Botschaft auch wirklich zu verstehen. Geben Sie eine Rückmeldung zu dem, was Sie verstanden haben. Fassen Sie zusammen, welche Informationen Sie erhalten haben. Damit geben Sie Ihrem Gegenüber die Möglichkeit abschätzen zu können, ob er oder sie auch das gemeint hat, was Sie verstanden haben. Damit vermeiden Sie, dass Sie aneinander vorbeireden.

Ein solches Feedback kann sehr gut über eine Paraphrase erfolgen. Dazu erfahren Sie im dazugehörigen Unterkapitel Näheres.

5. Gehen Sie auf Gefühle ein

Sind im Gespräch starke Gefühle im Spiel, gehen Sie auch darauf ein, indem Sie sie ernst nehmen. Drücken Sie in Worten aus, welche Emotionen Sie bei Ihren Gesprächspartnern spüren:

- „Ich habe das Gefühl, dass Sie sehr verärgert sind, weil ..."
- „Das macht Sie sehr wütend – oder?"
- „Sind Sie sehr traurig darüber?"
- „Fühlen Sie sich dadurch beleidigt?"

Auch hier geht es darum, das Gespräch und die ausgetauschten Botschaften zu klären: Sie treffen beim Einkaufen auf einen Freund und fragen ihn spontan: „Wollen wir heute Abend ins Kino gehen? Es läuft der X-Film, der soll ganz toll sein. Ist das nicht eine gute Idee?" An der Reaktion Ihres Freundes merken Sie, dass Sie wohl über das Ziel hinausgeschossen sind und Ihr Freund wenig begeistert ist. Als Feedback könnten Sie jetzt eingestehen: „Oje, ich glaube, ich habe dich jetzt gerade richtig überrumpelt?" Damit geben Sie Ihrem Gesprächspartner die Chance, Gefühle einzugestehen, die er sonst vielleicht nicht gezeigt hätte. Statt einer faulen Ausrede, warum er nicht ins Kino gehen möchte, kann er jetzt ehrlich antworten: „Ehrlich gesagt, habe ich keine große Lust aufs Kino."

Fazit: Wer zuhört, lernt – wer selbst redet, bleibt auf dem bisherigen Wissensstand.

Die Macht der Frage

Im Gespräch stehen Ihnen verschiedene Fragetechniken zur Verfügung. Fragen stellen, hat viele Vorteile:

1. Wer fragt, spricht selbst weniger.

Das kann in einem Dialog sehr sinnvoll sein. Einerseits stellen Sie sich selbst nicht so in den Mittelpunkt, wenn Sie weniger reden. Andererseits zwingen Sie Ihre Gesprächspartner durch Ihr Schweigen, dass diese mehr sagen.

Sie wollen Ihrer Gesprächspartnerin Informationen darüber entlocken, wie sie das Wochenende verbracht hat. Sie wissen, dass die Gesprächspartnerin von allein nicht so viel sagt. Deshalb eröffnen Sie den Dialog mit der Frage: „Und, wie war dein Wochenende?". Darauf antwortet sie: „Ganz gut, nur leider zu kurz." Wenn Sie jetzt schweigen, motivieren Sie Ihre Gesprächspartnerin dazu, etwas mehr zu erzählen.

2. Wer fragt, lernt sein Gegenüber besser kennen

Wenn Sie andere zum Reden motivieren, erfahren Sie in jedem Fall etwas über die Person. Nehmen wir an, Sie bekommen in Ihrer Abteilung einen neuen Kollegen, der für diese Stelle in Ihre Stadt umgezogen ist. Wenn Sie ihn auf dem Flur treffen, können Sie ihn freundlich begrüßen und ihn fragen: „Wie gefällt es Ihnen in dieser Stadt?" Nun könnte der neue Kollege etwas wortkarg antworten: „Gut." Hier besteht jetzt die Gefahr, dass Sie selbst anfangen zu reden und darüber berichten, warum Sie gerne in dieser Stadt leben. Dann erfährt Ihr Kollege viel über Sie. Ihr Wissenszuwachs bleibt bei null. Besser ist, wenn Sie weiterfragen: „Was gefällt Ihnen besonders gut hier in dieser Stadt?" Achten Sie darauf, Ihre Gesprächspartner zu Wort kommen zu lassen und halten Sie sich lieber etwas zurück.

3. Wer fragt, bekommt auch von anderen Vorschläge zur Problemlösung

Sie haben einen konkreten Vorschlag, wie an Ihrem Arbeitsplatz ein Problem gelöst werden könnte. Allerdings können Sie das nicht allein entscheiden. Sie benötigen dazu die Zusammenarbeit mit zwei weiteren Kollegen. Nun haben Sie die Möglichkeit, Ihren Vorschlag vorzubringen und die Meinung der Kollegen dazu einzuholen. Es bleibt dabei allerdings Ihr Vorschlag. Besser ist es, Sie konfrontieren die anderen mit dem Problem und fragen erst einmal: „Habt ihr eine Idee, wie wir hier vorgehen könnten. Was sagt ihr, wie wir das besser in den Griff bekommen?“ Wenn alles gut läuft, haben Ihre Kollegen ähnliche Ideen zur Problemlösung wie Sie. Das hat den Vorteil, dass es dann die Ideen der Kollegen sind und diese eher bereit sind, sie auch umzusetzen.

Außerdem zeigen Sie damit Ihren Kollegen, dass Sie deren Meinung schätzen. Und Sie können so geschickt auf Ihr Gesprächsziel hinarbeiten.

4. Wer fragt, kann ein Gespräch gezielt steuern

Sie sitzen in der Frühstückspause im Kollegenkreis zusammen und eine Kollegin fängt an sich darüber zu beklagen, dass das Wetter in diesem Sommer so schlecht ist. Sie haben keine Lust, sich stundenlanges Gemecker über schlechtes Wetter anzuhören und befürchten außerdem, dass dieses Thema insgesamt die gute Stimmung im Kollegenkreis negativ beeinflussen könnte. Deshalb steuern Sie den Dialog mit einer Frage: „War von euch schon jemand im neuen Einkaufszentrum? Gibt es dort interessante Geschäfte?“ So können Sie geschickt ein neues Thema ins Spiel bringen und wenn Sie Glück haben, ist das schlechte Wetter vom Tisch.

5. Wer fragt, zeigt anderen Personen gegenüber Wertschätzung und schafft Vertrauen

Stellen Sie sich vor, Sie bekommen an Ihrem Arbeitsplatz eine Auszubildende zur Unterstützung. Bei der ersten Begegnung zeigt sich, dass die neue Kollegin noch sehr unsicher und zurückhaltend ist. Bevor Sie nun gleich darangehen, ihr Aufgaben zu erklären und zu übertragen, könnten Sie sich erst einmal über Allgemeines unterhalten. Fragen Sie nach, was die Auszubildende gerne in ihrer Freizeit macht, wo sie wohnt, ob sie Geschwister hat usw. Dies entkrampft für die Auszubildende die Situation und zeigt ihr, dass Sie Interesse an ihr haben. Damit schaffen Sie Vertrauen.

Ich denke, ist bekannt

Die verschiedenen Fragearten

Wenn Sie unklare Fragen stellen, bekommen Sie auch unklare Antworten. Sie fragen jemanden, ob er oder sie ein Auto hat. Darauf bekommen Sie als Antwort: „Ja, habe ich." Nun können Sie sich nicht beschweren, dass Sie nichts darüber erfahren haben, um welches Auto es sich handelt, wie es sich fährt usw. Wollen Sie Details zum Auto wissen, sollten Sie besser fragen: „Was für ein Auto haben Sie und welche Erfahrungen haben Sie damit gemacht?"

Es kommt entscheidend darauf an, welche Fragen Sie stellen, damit ein Gespräch die Richtung nimmt, die Sie wollen.

Die wichtigsten Fragearten:

1. Geschlossene Fragen

- „Haben Sie ein Auto?"
- „Waren Sie schon einmal in Berlin?"
- „Gefällt Ihnen das Bild?"

Geschlossene Fragen erzeugen in der Regel geschlossene Antworten wie „Ja", „Nein", „Gut", „Schlecht" usw.

In manchen Situationen kann es sehr sinnvoll sein, eine geschlossene Frage zu stellen. Sie wollen dann tatsächlich nur ein „Ja" oder „Nein" hören. Wenn Sie häufig zusammen mit Ihrem Kollegen zur Mittagspause in die Kantine gehen, fragen Sie ihn schnell: „Kommst du heute mit in die Kantine?" Der Kollege antwortet je nach dem mit „Ja" oder „Nein". Mehr gibt es dazu nicht zu sagen.

Sie schlagen in Ihrer Familie vor, am Wochenende eine Fahrradtour zu machen. Abschließend fragen Sie: „Seid ihr damit einverstanden?" Sie wollen einfach nur wissen, ob Ihre Familie dazu Lust hat oder nicht. Also stellen Sie eine geschlossene Frage und geben sich mit einem „Ja“ oder „Nein“ zufrieden.

In einem Gespräch mit einem Kunden geben Sie umfangreiche Erläuterungen zu einem Thema und sind der Meinung, dass damit alles gesagt ist, was es an Informationen gibt. Abschließend fragen Sie: „Haben Sie noch weitere Fragen?“. Sie hoffen auf ein „Nein“ seitens des Kunden, denn dann können Sie das Gespräch beenden.

2. Offene Fragen

- „Welche Erfahrungen haben Sie bisher mit Ihrem Auto macht?“
- „Was gefällt Ihnen besonders gut in Berlin?“
- „Wie beurteilen Sie das Bild?“

Offene Fragen sollten Ihre Gesprächspartner motivieren, eine Meinung zu sagen, Urteile abzugeben, Stellung zu nehmen – also mehr zu sagen als nur „Ja“ oder „Nein“.

Diese offenen Fragen werden auch W-Fragen genannt, denn sie beginnen mit den Fragewörtern wie – was – welche – womit usw.

Nehmen wir noch einmal die Bespiele der geschlossenen Fragen. Wenn Sie ein Schwätzchen mit Ihrem Kollegen über die Kantine halten wollen, dann fragen Sie: „Wie findest du eigentlich das neue Essensangebot?“. Damit motivieren Sie Ihren Kollegen, seine Meinung zu sagen.

Wenn Sie von Ihrer Familie wissen wollen, wie sie den Vorschlag der Fahrradtour finden, dann lautet Ihre Fragen: „Was haltet ihr davon, am Wochenende eine Fahrradtour zu machen?“.

Und wenn Sie den Kunden auffordern wollen, Fragen zu dem Thema zu stellen, dann heißt es: „Welche Fragen haben Sie zu diesem Sachverhalt?“.

Selbstverständlich ist eine offene Frage keine Garantie dafür, dass Ihre Gesprächspartner nun ausschweifend antworten oder sogar in einen Monolog verfallen. Sie bieten allerdings die Basis für eine ausführliche Antwort.

Genauso werden Sie einen Schwätzer durch geschlossene Fragen nicht stoppen. Sie haben jedoch zumindest die Chance, durch ein „Ja" oder „Nein" eine Meinung zu erfragen – die dann sicherlich ausschweifend erläutert wird.

3. Rückfrage oder Gegenfragen

- „Können Sie mir das noch näher erläutern?"
- „Was genau meinen Sie damit?"
- „Wie soll ich das verstehen?"

Rückfragen eignen sich hervorragend dazu, Zeit zu gewinnen. Wenn Sie in einem Gespräch im Moment keine Antwort haben und Zeit zum Überlegen brauchen, können Sie die Rückfrage anwenden.

Ihr Vorgesetzter kommt auf Sie zu und bittet Sie um eine Stellungnahme: „Wir müssen uns dringend über das Angebot an Kunde X unterhalten. Wie sind Sie zu dieser Preisgestaltung gekommen?" Sie sind im ersten Moment etwas perplex und haben keine Antwort. Deshalb fragen Sie: „Was meinen Sie damit?" Damit zwingen Sie Ihren Vorgesetzten, seine Frage zu konkretisieren und Sie gewinnen Zeit für eine gute Antwort.

Im Kapitel 2 haben Sie schon gelesen, wie Sie die Rückfragen als Mittel zur Schlagfertigkeit einsetzen können.

4. Alternativ-Fragen

- „Wollen wir heute oder morgen die Eckdaten zum neuen Projekt klären?"
- „Möchtest du Kaffee oder Tee trinken?"
- „Wollen Sie Ihr Auto heute oder morgen bei uns abholen?"

Diese Frageart eignet sich sehr gut dafür, Gespräche in eine bestimmte Richtung zu steuern. Hier soll die Frage, ob Sie mit dem Kollegen überhaupt die Eckdaten zum Projekt klären, vermieden werden. Im Mittelpunkt steht nur noch der Zeitpunkt.

Es geht in der zweiten Frage nicht mehr darum, ob überhaupt etwas getrunken wird. Die Frage ist nur noch, was es sein soll.

Und bei der dritten Frage steht ebenfalls nicht mehr zur Debatte, ob der Kunde sein Auto selbst abholt oder nicht. Es geht nur noch um die Entscheidung, wann die Abholung erfolgt.

Alternativ-Fragen geben Ihrem Gegenüber durchaus das Gefühl, etwas auswählen zu können. Wobei das eigentliche Thema, um das es geht, in den Hintergrund rückt.

5. Lenkungsfrage

- „Hast du schon festgestellt, wie aufwändig das Ausdrucken der Dokumente ist? Wollen wir lieber alles digital speichern?"
- „Haben Sie schon errechnet, wie teuer die Reparatur ist? Wollen wir nicht lieber einen neuen Kaffeeautomaten bestellen?"

Wie der Name schon sagt, hier soll gelenkt werden. Zuerst wird eine Feststellung getroffen, die im besten Fall die Meinung oder Erfahrung der anderen Person abbildet. Dann wird durch eine Frage das gewünschte Ergebnis angesteuert. Hier müssen Sie aufpassen, dass Sie nicht über das Ziel hinausschießen. Die Aussage muss auch wirklich auf Ihre Gesprächspartner zutreffen.

Beim Beispiel der Fahrradtour am Wochenende könnte die Lenkungsfrage lauten: „Wollt ihr euch am Wochenende sportlich betätigen? Was haltet ihr von einer Fahrradtour zum Biergarten in X-Dorf?"

Oder: „Schmecken dir die vegetarischen Gerichte in der Kantine auch so gut? Wollen wir dann heute zusammen Mittagessen?“

Ihrem Kunden könnten Sie unterstellen: „Haben Sie sich schon intensiv mit diesem Thema beschäftigt? Welche weiteren Fragen kann ich Ihnen noch beantworten?“

Bitte achten Sie darauf, dass Sie diese Frageart nur sehr wenig einsetzen. Ihr Gegenüber könnte sonst schnell das Gefühl bekommen, manipuliert zu werden.

6. Suggestiv-Frage

- „Sind Sie nicht auch der Meinung, dass das ein guter Vorschlag ist?“
- „Sicher wissen Sie, wie schnell das schiefgehen kann?“
- „Meint ihr nicht auch, dass wir das so machen können?“

Suggestiv-Fragen sind mit Vorsicht zu genießen. Hier laufen Sie immer Gefahr, Ihren Gesprächspartnern etwas zu suggerieren, was diese jedoch ganz anders sehen. Und dann ist häufig ein Streitgespräch die Folge. Deshalb sollten Sie diese Frageart nur dann benutzen, wenn Sie 100%ig sicher sind, dass die Suggestion stimmt. Außerdem kann eine Suggestiv-Frage auch schnell als Belehrung aufgefasst werden. Was wiederum eher unangenehm für beide Seiten ist, da hiermit die Beziehungsebene angesprochen wird.

Sie sind sich ganz sicher, dass Ihr Kollege gerne vegetarisch isst, dann kann Ihre Frage lauten: „Du bist doch sicher auch der Meinung, dass wir uns das vegetarische Mittagessen nicht entgehen lassen sollten?“

Wenn Sie genau wissen, dass Ihre Familie am Wochenende gerne eine Fahrradtour unternimmt, dann können Sie fragen: „Sicher wollt ihr auch dieses Wochenende gerne wieder Fahrrad fahren?“

Und Ihren Kunden könnten Sie fragen: „Sicher ist Ihnen bekannt, dass unsere Firma dieses Thema als Erste aufgegriffen hat?“

Setzen Sie Suggestiv-Fragen nur wenig ein und auch nur dann, wenn Sie wirklich sicher sein können, dass die Suggestion bei der anderen Person richtig ankommt. Im Zweifelsfall lassen Sie die Suggestion einfach weg und stellen die Fragen anders:

- „Meinen Sie, dass das ein guter Vorschlag ist?"
- „Wie schnell kann das schiefgehen?"
- „Können wir das so machen?"

Diese Fragen sind weniger riskant und erzeugen bei Ihrem Gegenüber neutrale Gefühle – statt Abwehr.

7. Begründungsfragen

- „Warum bist du zu spät gekommen?"
- „Warum ist das noch nicht fertig?"
- „Weshalb dauert das so lange?"

Sie sehen, Begründungsfragen haben auch eine negative Wirkung. Sie erzeugen beim Gegenüber schnell Abwehrreaktionen – und das bedeutet oft Streit.

Wenn Sie wirklich wissen wollen, warum etwas so passiert ist, wie es passiert ist, dann formulieren Sie so:

- „Gibt es einen Grund, warum du nicht pünktlich kommen konntest?"
- „Was meinen Sie, bis wann ist das fertig?"
- „Bis wann kann ich mit einem Ergebnis rechnen?"

Bei diesen Fragen beachten Sie bitte, dass Sie sie mit einer freundlichen Stimme und einer freundlichen Mimik vortragen. Sonst geht auch hier der Schuss nach hinten los.

Offene Fragen und geschlossene Fragen – eine Gegenüberstellung

Kommen wir noch einmal zurück auf die ersten beiden Fragearten. Eine Gegenüberstellung soll Ihnen zeigen, wo die Vorteile bei der jeweiligen Frageart liegen:

Geschlossene Fragen	Offene Frage
„Können wir so verbleiben?" Sie haben einen Vorschlag gemacht und wollen nur noch wissen, ob Ihr Gegenüber einverstanden ist oder nicht.	„Wie wollen wir verbleiben?" Hier möchten Sie eine Meinung zu Ihrem Vorschlag haben.
„Sollen wir das so machen?" Hier geht es ebenfalls um ein „Ja" oder „Nein" zu Ihrem Vorschlag.	„Wie sollen wir das machen?" Damit motivieren Sie Ihr Gegenüber zu eigenen Ideen.
„Kann ich Ihnen helfen?" Damit stellen Sie gerade Ihre eigene Kompetenz infrage. Schließlich können Ihre Gesprächspartner nicht wissen, ob Sie ihm helfen können – oder nicht. Diese Frage sollten Sie vermeiden.	„Wie kann ich Ihnen helfen?" Nun können Ihre Gesprächspartner entscheiden, was Sie für sie tun können. Damit fragen Sie nach dem Sachverhalt und nicht nach Ihrer Kompetenz.

„Kann ich Sie auch nachmittags erreichen?“ Mit dieser Frage riskieren Sie, dass Ihr Gegenüber mit „Nein“ antwortet und damit der Nachmittag nicht realisiert werden kann.	„Wann passt es Ihnen gut am Nachmittag?“ Jetzt haben Sie Ihr Gegenüber auf den Nachmittag fokussiert. Eine andere Tageszeit steht nun nicht zur Debatte.
„Brauchen Sie weitere Informationen?“ Sie wollen als Antwort nur ein „Ja“ oder „Nein“ – mehr nicht.	„Welche Informationen brauchen Sie noch?“ Nun sollen Ihre Gesprächspartner überlegen, welche Informationen sie noch benötigen.

Denken Sie daran: Wenn etwas nicht so geklappt hat, wie Sie es sich gewünscht haben, dann haben Sie vielleicht nicht nachgefragt. Die richtige Frage zur richtigen Zeit hätte eventuell geholfen, den Sachverhalt zu klären.

Paraphrasieren kann helfen

Ein wichtiges Mittel in der Gesprächsführung ist der kontrollierte Dialog. Dieser bietet Ihnen die Möglichkeit, Ihrem Gegenüber ein Feedback darüber zu geben, was Sie verstanden haben. Wie oft haben Sie schon erlebt, dass Sie mit folgenden Aussagen konfrontiert wurden:

- „Sie haben mir wohl nicht zugehört.“
- „Das habe ich so nicht gemeint.“
- „Da haben Sie mich falsch verstanden.“

Der kontrollierte Dialog bietet Ihnen mit der Paraphrase die Chance zu klären, ob Sie die empfangenen Botschaften richtig verstanden haben. Mit der Paraphrase fassen Sie in eigenen Worten zusammen, was ein anderer gesagt hat. Sie hat eine Fülle von Funktionen:

Paraphrasen

- helfen, Missverständnisse zu vermeiden,
- geben den Gesprächspartnern das Gefühl, verstanden zu werden,
- geben Ihnen die Möglichkeit, im Hinterkopf zu sortieren, wie das Gespräch weitergehen soll,
- beenden ein Thema, bevor ein neues beginnt und schaffen so Struktur,
- sind ein Mittel zur positiven Manipulation.

Beispiele für Paraphrasen:

- „Wenn ich Sie richtig verstanden habe …?“
- „Zusammenfassend könnte man also sagen …?“
- „Sie meinen also …?“

Paraphrasen helfen Ihnen, Ihre Gesprächspartner zu verstehen, das Gespräch zu strukturieren und zu führen.

Sie leiten an Ihrem Arbeitsplatz ein kleines Team, bestehend aus zwei Kolleginnen und einem Kollegen. Eine Kollegin ärgert sich über den Kollegen, weil er von ihr benötigte Unterlagen nicht zum vereinbarten Termin abgibt und sie ihn deshalb immer wieder daran erinnern muss. Nun kommt die Kollegin zu Ihnen und äußert ihren Ärger über diese Situation. Nun können Sie mit einer Paraphrase reagieren: „Frau Schulze, wenn ich Sie richtig verstanden habe ist es Ihnen sehr wichtig, dass die Unterlagen rechtzeitig zur Verfügung stehen. Was raten Sie mir, was sollte ich mit Herrn Berger besprechen?“. Nun kann es gut sein, dass Frau Schulze Ihnen vorschlägt, den Kollegen zu ermahnen, die Unterlagen in Zukunft termingerecht abzugeben. Jetzt können Sie Frau Schulze bitten, dies genau so mit Herrn Berger erst einmal selbst zu klären. Dadurch vermeiden Sie, dass Ihr Team Sie im Konfliktfall instrumentalisiert und zum Überbringer schlechter

Botschaften macht. Erst wenn das direkte Gespräch zwischen den beiden nichts bewirkt, können Sie immer noch eingreifen.

Ein anderes Beispiel: Ihre Vorgesetzte hat schlechte Laune und konfrontiert Sie mit der Aussage: „Die Unterlagen sind unvollständig. So kann ich damit nicht zum Kunden gehen." Sie antworten mit einer Paraphrase: „Ich entnehme Ihrer Äußerung, dass Sie mit den Unterlagen unzufrieden sind und ich sie korrigieren soll? Was genau möchten Sie anders haben?" Vielleicht erkennt Ihre Vorgesetzte, dass sie unangemessen reagiert hat und sagt: „Nein, es passt schon. Ich nehme das jetzt so mit." Nun wissen Sie, dass Sie nichts falsch gemacht haben und lediglich gerade als Prellbock gedient haben.

Im Freundeskreis erleben Sie, dass Ihr Freund bei einer Feier überlastet ist. Es gelingt ihm nicht, das Essen und die Getränke für so viele Gäste zu servieren. Er rennt wie ein aufgescheuchtes Huhn durch die Wohnung. Auch hier kann eine Paraphrase helfen: „Ich habe gerade den Eindruck, dass du im Stress bist. Wie kann ich dich unterstützen?"

Eine Paraphrase bietet Ihnen auch die Gelegenheit, in einem Gespräch Ihre Empathie zu zeigen. Eine Kollegin kommt zu Ihnen und klagt: „Mit geht es echt schlecht, Ich habe dauernd Kopfschmerzen und außerdem schlafe ich ganz schlecht". Nun haben Sie zwei Möglichkeiten darauf zu reagieren. Einerseits könnten Sie nun gut gemeinte Ratschläge geben: „Das ging mir neulich auch so. Seit ich die XY-Tabletten nehme, geht es mir viel besser. Und außerdem habe ich festgestellt, dass mir Sport sehr gut hilft, besser zu schlafen. Komm doch mal mit zum Fitness-Studio." Jetzt laufen Sie Gefahr, dass Ihre Kollegin sich von Ihnen zurückzieht und antwortet: „Kann ich ja mal versuchen." Geholfen haben Sie Ihrer Kollegin damit auf keinen Fall. Bedenken Sie: Ratschläge sind auch Schläge und tun dem anderen weh.

Besser ist es, wenn Sie paraphrasieren: „Das hört sich gar nicht gut an. Seit wann hast du denn die Kopfschmerzen? Und was führt deiner Meinung nach dazu, dass du nicht gut schlafen kannst?" Hiermit stellen Sie die Kollegin und ihre Situation in den Mittelpunkt. Vielleicht wollte die Kollegin einfach nur so mit Ihnen über ihre Situation reden – ohne gleich gute Ratschläge zu bekommen.

Überlegen Sie einmal, wie schnell wir generell mit guten Ratschlägen bei der Hand sind. Dazu gehört auch, sofort von anderen auf sich selbst zu schließen: „Ja, das kenne ich. Das ging mir vor einiger Zeit auch so." Ihr Gegenüber will aber nichts von Ihnen wissen, sondern über die eigene Situation sprechen. Mit der Paraphrase zeigen Sie Ihren Gesprächspartnern, dass Sie sie ernst nehmen.

Ein Nachbar kommt zu Ihnen und beschwert sich: „Es ist unglaublich, was Nachbar Schmidt mit seinem Garten veranstaltet. Er probiert dauernd in der Mittagszeit seine lauten Gartengeräte aus. Das macht einen Höllenlärm. Nicht zum Aushalten." Sie können Ihren Nachbarn jetzt zum Weiterreden motivieren und mit einer Paraphrase darauf antworten: „Wenn ich Sie richtig verstehe, ärgern Sie sich über die Gartenarbeit von Herrn Schmidt?" Damit bieten Sie Ihrem Nachbarn die Möglichkeit, einfach mal Dampf abzulassen.

Sehr riskant kann es für Sie sein, sollten Sie ebenfalls mit in dieses Horn blasen und gemeinsam über den Nachbarn Schmidt lästern: „Ja, da haben Sie völlig recht, das ist ja wirklich sehr laut, was Herr Schmidt da veranstaltet." Ihr Nachbar könnte nämlich irgendwann zu Nachbar Schmidt gehen und behaupten, dass Sie sich ebenfalls über seine Gartenarbeit und den Lärm ärgern – obwohl Sie das so gar nicht gemeint haben.

Ihre Paraphrase vermeidet in diesem Fall sogar einen Konflikt mit der Nachbarschaft.

Kommen wir noch einmal zurück auf die drei Beispiele am Anfang dieses Kapitels. Da hatten wir die Situation, dass Ihre Kollegin sich lang und breit über die Vorzüge ihrer neuen Wohnung auslässt, was Sie jedoch überhaupt nicht interessiert. Sie könnten ihr dazu folgendes Feedback geben: „Verstehe ich dich richtig, dass du mir jetzt noch einmal die Vorzüge des Balkons erläutern möchtest?" Wenn Sie Glück haben, merkt die Kollegin jetzt, dass sie sich wiederholt.

Ihrem Kollegen, der ausführlich seine letzten Erfolge beim Kunden erläutert, könnten Sie so stoppen: „Herr Meier, ich kann gut nachvollziehen, dass Sie sehr stolz auf Ihre Erfolge sind. Das ist wirklich bemerkenswert. Allerdings muss ich diese Arbeit in einer halben Stunde fertig haben, Herr Müller wartet dringend darauf". Damit akzeptiert Ihr Kollege hoffentlich, dass Sie jetzt weiterarbeiten müssen.

Und dem Kollegen, der von seiner Fahrradtour berichtet, könnten Sie die Rückmeldung geben: „Ich habe den Eindruck, dass dir deine Fahrradtour am Wochenende sehr gut gefallen hat. Das freut mich sehr." Anschließend könnten Sie zu einem anderen Thema überleiten: „Was meinst du, wollen wir Bernd zum Geburtstag eine neue Lampe für sein Fahrrad schenken?".

Die Paraphrase gibt Ihrem Gegenüber ein gutes Gefühl, weil Sie sein Anliegen ernst nehmen.

Mit der Hypothese zum Ziel

Sie möchten im Gespräch ein bestimmtes Ziel erreichen. Bisher haben Sie allerdings nur Einwände von Ihrem Gegenüber gehört. Das Positive daran ist, dass Ihr Gegenüber mit den Einwänden noch die Bereitschaft zum Gespräch signalisiert. Solange Widerstände noch ausgesprochen werden, haben Sie die Chance, ihnen konstruktiv zu begegnen.

Die Taktik der Hypothese bewirkt, dass ein Vorschlag zunächst nur hypothetisch nahegebracht wird. Ihr Gegenüber stellt sich ein bestimmtes Szenario erst einmal nur im Kopf vor – ohne dass gleich der Zwang zur Umsetzung droht.

Sie stellen Ihren Vorschlag erst einmal als Hypothese in den Raum: „Angenommen, wir werden mit dem Projekt pünktlich oder sogar schon etwas früher fertig, könnten wir dann nicht zusammen eine After-Work-Party feiern?" Hier folgt der Hypothese der Konjunktiv ‚könnten'. Wenn Sie jetzt noch eine offene Frage anschließen: „Was haltet ihr davon?“, haben Sie schon mal Ihren Vorschlag in den Köpfen der anderen platziert. Wenn nun die Antwort kommt: „Ja, wenn wir rechtzeitig fertig werden, könnten wir wirklich darüber nachdenken“, dann können Sie jetzt Ihren Vorschlag festzurren: „Dann lasst es uns doch so machen.“

Eine Hypothese stellen Sie auch auf, wenn Sie vorschlagen: „Stellen Sie sich einmal vor, wir hätten nur noch ganz wenig Papier abzulegen, weil wir alle Dokumente digitalisieren.“ Wenn jetzt die Antwort kommt: „Ja, theoretisch können wir uns das vorstellen“, dann könnten Sie sagen: „Prima, dann lasst es uns doch auch machen.“

Grundlage für die Hypothese ist die Weisheit: Was denkbar ist, das ist auch machbar!

KAPITEL 4: DER TYP MENSCH – EINE TYPOLOGIE

Jeder Mensch tickt anders – Sie auch

Sie haben bis hierhin schon sehr viel über Kommunikations-Strategien gelesen. Jetzt erfahren Sie, wie Sie gezielt Ihr Gegenüber ansprechen, sodass Sie auch das richtige Ohr erreichen. Kennen Sie den Satz: „Auf dem Ohr höre ich schlecht?". Das hat tatsächlich etwas damit zu tun, dass alle Menschen unterschiedliche Charaktere haben und dementsprechend empfangene Botschaften auch unterschiedlich wahrnehmen. Eine Aussage, die für die eine Person genau richtig ist, kann für eine andere Person völlig falsch sein, weil der entsprechende Charakter nicht angesprochen wird.

Grundsätzlich können alle Menschen in ein Vier-Punkte-Raster eingeteilt werden. Da gibt es zuerst einmal Menschen, die eher auf der Sachebene agieren, also sachorientiert kommunizieren und handeln. Im ersten Kapitel dieses Buches haben Sie den Unterschied zwischen Sachebene und Beziehungsebene kennengelernt. Genau entgegengesetzt agieren manche Menschen eher auf der Beziehungsebene, sie sind also eher beziehungsorientiert. Dann gibt es Menschen, die eher introvertiert, also nach innen gerichtet agieren. Hier haben wir auf der entgegengesetzten Seite die Menschen, die nach außen agieren, also extrovertiert kommunizieren und handeln.

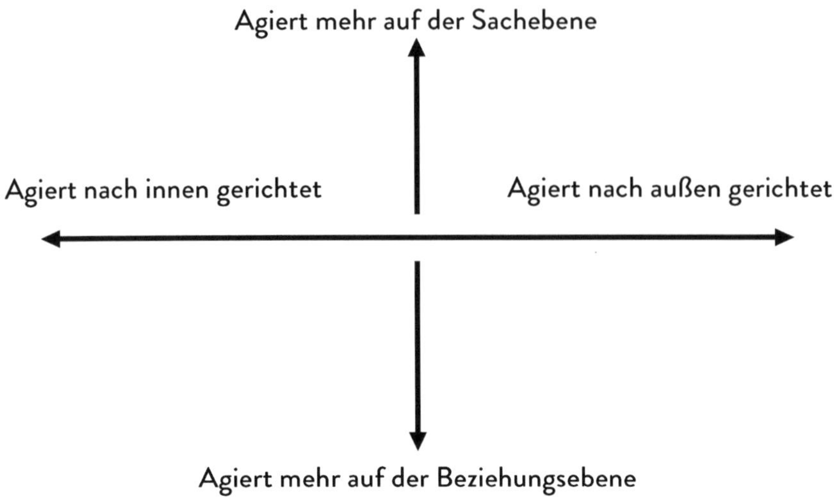

In dieses Vier-Punkte Raster können wir im nächsten Schritt die Menschen-Typen entsprechend einordnen:

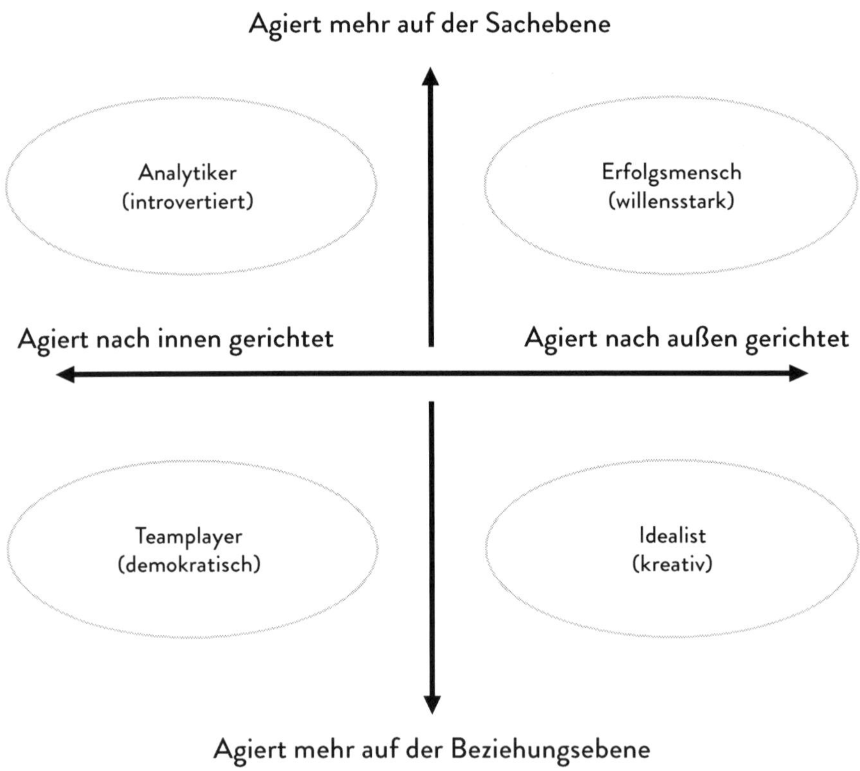

In dem Feld sachorientiert und nach innen gerichtet haben wir den analytischen Menschen. Er ist oft sehr introvertiert unterwegs.

Auf der anderen Seite haben wir im Feld sachorientiert und nach außen gerichtet den Erfolgsmenschen, der sich durch Willensstärke auszeichnet.

Darunter im Feld beziehungsorientiert und nach außen gerichtet ist der Idealist. Er ist oft sehr kreativ und vor allem sehr kommunikationsfreudig.

Daneben im Feld beziehungsorientiert und nach innen gerichtet gibt es den Teamplayer. Diesem Menschen ist demokratisches Miteinander wichtig.

Stellen Sie sich vor, Sie haben im Kollegenkreis einen Idealisten. Sie schlagen ihm vor, gemeinsam ins Fitness-Studio zu gehen. Sie begründen Ihren Vorschlag damit, dass Sie ihm im Detail aufzählen, welche Geräte er dort benutzen kann und was diese Geräte im Einzelnen sportlich bewirken. Nun ist ein Idealist wenig an Details interessiert. Also wird er sich schlimmstenfalls genervt abwenden: „Da komme ich mir ja wie in einem Korsett vor, wenn ich da überall trainieren soll". Ein Idealist will lieber kreativ selbst entscheiden, was er im Fitness-Studio macht. Hier wäre der gezieltere Vorschlag: „Komm doch mit ins Fitness-Studio. Da kannst du zwischen vielen Geräten kreativ entscheiden, was du trainieren möchtest. Außerdem laufen da immer viele nette Menschen rum." Nun ist sein Interesse geweckt.

Sie sehen, wie wichtig es ist, dass Sie Ihre Gesprächspartner vom Charakter her einordnen können. Damit haben Sie eine gute Basis, auch tatsächlich gehört und verstanden zu werden.

Deshalb erfahren Sie jetzt, was die verschiedenen Typen auszeichnet und was das für den Umgang mit ihnen für Sie bedeutet.

Der Typ ‚Analytiker'

Dieser Typ benötigt für sein Verhalten Akzeptanz und generell in seinem Umfeld Stabilität. Für diese Menschen ist es wichtig, dass ihr Leben in geraden Bahnen verläuft und für sie somit der Alltag vorhersehbar bleibt. Das verleiht ihnen die Sicherheit, die sie brauchen.

Analytiker erledigen ihre Aufgaben auf jeden Fall gewissenhaft. Das bedeutet, dass Sie sich auf diese Person immer verlassen können. Dieser Typus ist in seinem Verhalten für andere Menschen oft sehr vorhersehbar. Dies führt zu großem Vertrauen und Sicherheit. Im Umgang mit anderen Menschen sind die Analytiker oft vorsichtig, taktvoll und vor allem beherrscht. Das kann im Konfliktfall allerdings bedeuten, dass dieser Typus sich lieber zurückzieht, als einen Konflikt offen auszutragen.

Wenn Sie am Arbeitsplatz oder in Ihrem privaten Umfeld einen Analytiker haben, dann geben Sie ihm knifflige Aufgaben. Er wird sie gründlich und penibel erledigen. Es kann allerdings sein, dass das Ergebnis wesentlich umfangreicher ausfällt, als Sie es sich vorgestellt haben.

Oft führt die Detailverliebtheit von Analytikern dazu, dass sie sich gerne mit Listen, Daten und Fakten und Regeln beschäftigen. Das kann andere Charaktere schon einmal auf die Palme bringen. Außerdem agieren diese Menschen gerne für sich, brauchen also nicht unbedingt andere Menschen um sich herum. Deshalb nehmen sie auch nicht so gerne an Partys oder Veranstaltungen teil. Sie bleiben lieber für sich.

Im Umgang mit diesem Typus sollten Sie folgendes beachten:

Verzichten Sie auf spontane Aktionen. Wenn Sie sich im Freundeskreis mit Analytikern verabreden wollen, sollten Sie dies rechtzeitig vorher ankündigen, damit die Verabredung gut geplant werden kann. Am Arbeitsplatz können Sie nicht erwarten, dass Analytiker schnell mal eine Aufgabe dazwischenschieben.

Wenn Sie bei diesen Menschen etwas erreichen wollen, sollten Sie bis ins Detail gut vorbereitet sein und möglichst präzise mit Daten und Fakten belegen können, warum Ihnen etwas wichtig ist.

Dazu ein Beispiel: Sie haben sich mit vier Freunden zum Essen verabredet und sitzen nun gemeinsam bei Ihrem Lieblingsgriechen. Sie und drei Ihrer Freunde unterhalten sich prächtig. Sie haben sich viel zu erzählen, es wird herzhaft gelacht. Ein Freund allerdings verhält sich eher zurückhaltend. Weil er das immer so macht, kennen Sie dieses Verhalten und haben es akzeptiert. Selbstverständlich wird der introvertierte Freund mit in die Gespräche einbezogen: „Hey, Marco, was sagst du dazu?“ oder: „Hast du das auch schon gesehen?“. Doch niemanden stören die einsilbigen Antworten. So „tickt“ dieser Freund eben. Er ist trotzdem in jeder Runde ein gern gesehener Gast.

Am Arbeitsplatz haben Sie eine introvertierte Kollegin. Selbst nachdem Sie zwei Wochen im Urlaub gewesen waren, fragt sie nicht nach. Auch in diesem Fall wundert es Sie nicht. Sie wissen, dass Ihrer Kollegin Zwischenmenschliches nicht wichtig ist. Sie berichten deshalb auch nur ganz kurz: „Das war wirklich eine tolle Zeit auf Kreta. Wir hatten ein wunderschönes Strandhotel mit einem tollen Essen. Und wir sind gestern gut wieder gelandet, es hat alles bestens geklappt.“ Ihre Kollegin antwortet auf ihre eigene Art und Weise: „Das freut mich, dass du einen schönen Urlaub hattest. Übrigens müssen wir bis Ende der Woche die X-Aufgabe bearbeiten“. Mehr haben Sie von diesem analytischen Typus auch nicht erwartet.

Der Typ ‚Erfolgsmensch‘

Der Erfolgsmensch will als Autorität anerkannt werden und liebt die ständige Herausforderung, in der er sich beweisen kann. Diese Menschen gehen mit großen Schritten durch das Leben und haben immer ein Ziel vor Augen. Das führt schon mal zu einem leichten bis schweren Tunnelblick.

Sie sind in der Lage, andere Menschen beim Erreichen von Zielen zu motivieren. Sie treiben Dinge voran, die ihnen wichtig sind und verfolgen diese hartnäckig. Ein Erfolgsmensch lässt sich nicht so leicht vom Weg abbringen. Dieses Verhalten strahlt auf andere Menschen Sicherheit aus und macht diesen Typus oft zu Führungspersönlichkeiten – egal ob im Arbeitsleben, in der Freizeit oder im Privatleben in Familie und im Freundeskreis.

Im Umgang mit anderen Menschen führen diese Charaktereigenschaften allerdings auch dazu, dass diese Person als distanziert, unpersönlich und vielleicht sogar als arrogant wahrgenommen wird. Zwischenmenschliche Beziehungen sind diesem Typus nicht so wichtig. Daher behandelt er sein Umfeld schon mal oberflächlich und eher emotionslos.

Der Erfolgsmensch regt sich schnell auf, wenn die Dinge nicht nach seinen Vorstellungen laufen. Wenn andere Menschen sein Tempo nicht mitgehen können, alles ganz genau im Detail wissen wollen und auf Verständnis und Empathie hoffen, dann nervt diese Person das schnell. Außerdem hasst es dieser Typ Mensch, kontrolliert zu werden. Er ist meistens sehr davon überzeugt, alles richtig zu machen.

Für den Umgang mit diesem Typus gilt:

Wenn Sie etwas vom Erfolgsmenschen wollen, fassen Sie sich kurz und kommen Sie schnell auf den Punkt. Stellen Sie die Sache, um die es Ihnen geht, in den Mittelpunkt und keine Emotionen.

Und versprechen Sie dem Erfolgsmenschen bitte nur das, was Sie auch wirklich einhalten können.

Bezogen auf die beiden Beispiele des vorherigen Typus sieht es so aus:
In Ihrer Freundeskreisrunde beim Griechen erzählt der Erfolgsmensch-Freund, welche tollen Geschäftsabschlüsse er im letzten Monat getätigt hat und was er sich Tolles von seiner Provision kaufen wird. Auch das ist für Sie und Ihre Freunde in

Ordnung. Sie wissen alle, dass dieser Freund gerne prahlt und über seine Erfolge berichtet. Deshalb bekräftigen Sie seine Erzählungen: „Gratulation, Philip, das hast du ja super hingekriegt. Viel Spaß mit dem neuen Mountainbike." Außerdem wird er wahrscheinlich auch gleich eine Runde Schnaps spendieren, um auf den Erfolg anzustoßen.

An Ihrem Arbeitsplatz haben Sie eine Vorgesetzte, Typ Erfolgsmensch. Sie waren drei Tage zu Hause, weil Sie Ihre kleine Tochter gesund pflegen mussten und dafür eine Auszeit von Ihrer Arbeit genommen haben. Nun ist Töchterchen wieder gesund und Sie sind wieder am Arbeitsplatz. Ihre Chefin begrüßt Sie: „Ach, Herr Meier, da sind Sie ja wieder. Ich brauche übrigens ganz schnell …" Auch dieses Verhalten ist für Sie in Ordnung. Sie erwarten von Ihrer Chefin, dass sie sich genau so verhält. Emotionen und Zwischenmenschliches sind nicht ihr Ding.

Der Typ ‚Idealist'

Diese Menschen sprühen nur so vor Ideen, denn sie sind sehr kreativ unterwegs. Ihnen ist es wichtig, dass sie dafür in ihrem Umfeld eine Plattform haben und nicht durch starre Regeln eingeengt werden. Sie wollen außerdem beliebt sein und die Anerkennung anderer ist ihnen wichtig.

Idealisten sind oft sehr schnell für Neues zu begeistern. Allerdings müssen Sie aufpassen, dass Ihnen diese Person nicht Ihre Ideen klaut und sie als die ihren verkauft. Das kann schnell bei so viel Begeisterung für eine Sache passieren. Außerdem ist dieser Typ Mensch sehr kontaktfreudig, wirkt schnell sympathisch auf sein Umfeld. Er ist meistens gut gelaunt und freundlich zu allen. Für gesellige Zusammenkünfte ist der Idealist schnell zu haben.

Andererseits sind diese Menschen auch sehr gut in der Lage, sich in Konflikten einzubringen und diese zu schlichten. Da sie über eine hohe soziale Kompetenz verfügen, können sie sich gut in andere Menschen und deren Situationen hineinversetzen. Wenn es also irgendwo Ärger gibt, holen Sie diesen Typ Mensch schnell mit ins Boot und Sie haben eine gute Chance, schnell zu einer Lösung zu kommen.

Idealisten können jedoch auch impulsiv und unberechenbar sein. Schnell haben sie neue Vorschläge parat, wie Dinge laufen sollen. Dabei übertreiben sie schon mal, weil sie sich selbst überschätzen. Deshalb führen die kreativen Vorschläge nicht zwangsläufig zu konkreten Ergebnissen. Sobald ein neues Thema auf den Tisch kommt, kann es passieren, dass das Interesse an dem Bisherigen schnell verloren geht. Oft braucht es dann die Unterstützung von weniger kreativen Menschen, dass Ideen doch in die Tat umgesetzt werden können. Beharrlichkeit ist nicht die Sache von Idealisten. Und stehen diese Menschen mal nicht im Mittelpunkt, verlieren sie schnell das Interesse an der Sache oder auch an dem anderen.

Wenn Sie mit diesem Typus umgehen müssen, beachten Sie:

Nehmen Sie sich für Gespräche viel Zeit. Es kann schnell sein, dass vom eigentlichen Thema abgekommen wird und das Gespräch sich auf einmal um etwas ganz anderes dreht. Außerdem verzichten Sie bitte auf detaillierte Fakten und quälen Sie diese Menschen nicht mit ‚Kleinkariertem'.

Wenn Sie etwas erreichen wollen, können Sie auch andere „ganz wichtige" Personen zitieren oder als Beispiel nehmen. Idealisten orientieren sich gerne an anderen wichtigen Persönlichkeiten.

Wollen Sie mit einem Idealisten eine Angelegenheit zum Ziel führen, dann bleiben Sie ständig am Ball – sonst entwischt Ihnen dieser Typus.

Schauen wir uns diesen Typus in Ihrem Freundeskreis an:
Während des Essens kommen immer wieder Gäste an Ihrem Tisch vorbei, die Ihr kreativer Freund mehr oder weniger gut kennt. Jede Person wird von ihm freundlich und ausschweifend begrüßt. Es kommt jedes Mal zu einem kleinen Small Talk mit diesen Gästen. Natürlich ist Ihr Idealist-Freund als Letzter mit dem Essen fertig und kommentiert dies mit einem fröhlichen Lachen: „Irgendwie

komme ich gar nicht zum Essen. Gleich ist alles kalt." Er amüsiert sich prächtig und Sie lassen sich durch dieses Verhalten weder beim Essen noch bei Ihrer Unterhaltung mit den anderen vier Freunden stören. Sie kennen das und Sie erwarten nichts anderes. Schließlich ist Ihr Freund jederzeit für Sie alle da, wenn Sie Hilfe brauchen.

Sie teilen sich am Arbeitsplatz ein Büro mit einem sehr netten Kollegen, Typ ‚Kumpel'. Allerdings kommentiert er alles, was er gerade tut und hält mit jedem Menschen, der Ihr Büro betritt, erst einmal ein Schwätzchen. Und wenn Sie sich mit jemandem unterhalten, bringt er sich sofort mit ein. Der nette Kollege ist auch sofort bereit, sich um alles Mögliche zu kümmern. Er beklagt sich aber andererseits über die viele Arbeit. Ihnen bleibt nun nichts anderes übrig, als dieses Verhalten zu akzeptieren. Schließlich kann Ihr Kollege nicht aus seiner Haut.

Allerdings können Sie versuchen, eine Vereinbarung mit ihm zu treffen, damit er sich wenigstens dann, wenn Sie sich konzentrieren müssen, zurückhält. „Du, Kevin, ich komme hier gerade nicht weiter, weil ich mich im Moment nicht gut konzentrieren kann. Ist es möglich, dass wir uns die nächste halbe Stunde einmal nicht unterhalten? Du würdest mir einen großen Gefallen tun. Danke für deine Unterstützung."

Der Typ ‚Teamplayer'

Hier haben wir es mit einem Typus zu tun, der sich gerne in störungsfreier Atmosphäre mit anderen Menschen bewegt. Er möchte gerne, dass sich alle untereinander gut verstehen und ist gerne mit anderen Menschen zusammen. Allerdings möchte dieser Typ Mensch nicht im Mittelpunkt stehen, sondern lieber ‚mit der Masse schwimmen'.

Teamplayer haben häufig ein hohes Einfühlungsvermögen anderen Menschen gegenüber. Sie sind oft ‚der nette Kumpel' oder ‚die gute Freundin'. Mit diesem Typus wollen wir oft gerne zusammen sein. Im Miteinander mit anderen tritt dieser

Mensch oft rücksichtsvoll und aufmerksam auf. Diese Person ist anderen gegenüber sehr loyal und verbindlich. Allerdings werden diese Eigenschaften auch von anderen erwartet. Werden Teamplayer jedoch von anderen Menschen enttäuscht, kann dies zu nachhaltigen Problemen führen, denn sie sind auch nachtragend.

Wird ein Teamplayer von anderen Menschen kritisiert, kann er damit oft ebenfalls schlecht umgehen, da er Kritik immer sofort auf sich bezieht. Enge Zeitvorgaben bei der Arbeit sind übrigens auch nicht seine Sache. Da bleibt dann zu wenig Zeit für ein Schwätzchen mit den netten anderen Personen, die einem so begegnen.

Der Teamplayer tut sich allerdings schwer, eigene Entscheidungen zu treffen. Gerne fragt er erst sein Umfeld, was andere von seinem Vorschlag halten. Bis alle ihre Meinung kundgetan haben, ist es dann für den Vorschlag schnell zu spät. Die Entscheidungsfindung beim Teamplayer kann leider ein langer Prozess sein, denn es sollen sich schließlich alle dabei wohlfühlen. Deshalb können Sie von diesem Typus auch nur wenig Eigeninitiative erwarten. Änderungen steht er sowieso eher kritisch gegenüber.

Bei diesem Typus ist im Umgang zu beachten:

Eröffnen Sie Gespräche gerne mit einem persönlichen Thema. Stellen Sie offene Fragen und verzichten Sie auf Spitzfindigkeiten.

Bringen Sie auch beim Teamplayer Zeit für das Gespräch mit und stellen Sie gemeinsame Interessen in den Mittelpunkt.

Sie ahnen es schon, natürlich haben Sie in Ihrem Freundeskreis auch einen Teamplayer:
Dieser Freund schaut schon mal ein wenig neidisch auf den Erfolgsmenschen und Idealisten. Er bewundert, wie selbstverständlich sich diese beiden Freunde in den Mittelpunkt stellen und von sich reden. Das ist eher nicht sein Ding. Allerdings beteiligt er sich intensiv an Ihrer Unterhaltung, bringt hier einen Witz und dort eine kleine Geschichte ein. Er ist übrigens auch derjenige, der immer

darauf achtet, dass alle zufrieden sind und sich wohlfühlen: „Schmeckt euch das Grill-Filet auch so gut?“.

Sie wollen von Ihrer Kollegin wissen, ob sie sich schon in den Urlaubsplan für Weihnachten und Neujahr eingetragen hat. Sie rufen sie an und die Kollegin legt am Telefon los und erzählt Ihnen ausführlich, was sie für Ihre Familie bereits für Weihnachtsgeschenke gekauft hat. Wenn Sie irgendwann von der Kollegin eine Antwort bezüglich der Urlaubsplanung haben wollen, dann lassen Sie sie erst einmal erzählen. Nach einer gewissen Zeit können Sie sie dann unterbrechen: „Das ist sehr interessant, was du für tolle Ideen für Weihnachtsgeschenke hast. Ich bewundere dich, dass du für alle passende Geschenke besorgst. Jetzt brauche ich von dir dringend eine Information zur Urlaubsplanung für das Jahresende.“

Zusammenfassung

Selten sind Menschen klar nur einem Typus zuzuordnen. In der Regel bewegen wir uns alle zwar in einem Typenfeld, haben jedoch Tendenzen in die eine oder andere Richtung. Beispielsweise ist selten ein Mensch nur introvertiert. Er ist auch fähig, sich im Team mit anderen einzubringen oder einmal auf Details zu verzichten, die nicht wirklich wichtig sind.

Der Erfolgsmensch wird auch in der Lage sein, sich auf die Gefühle der Mitmenschen einzulassen und Empathie zu zeigen. Und er wird sich auch hier und da Details anhören, die ihn sonst nicht immer interessieren.

Der kreative Idealist kann auch zielorientiert handeln, wenn er nur auf diese Weise zum Erfolg kommt. Und wenn es sein muss, kann er sich auch einem Team anpassen.

Und der Teamplayer wird auch harte Entscheidungen treffen können, mit denen nicht immer alle einverstanden sind, wenn es der Sache dient. Wenn es sein muss, kann er sich sogar vor sein Team stellen und diese Entscheidung nach außen vertreten.

Für Ihre Kommunikation ist es wichtig, dass Sie in der Lage sind, Ihr Gegenüber im Wesentlichen einschätzen zu können, damit Sie die richtige Sprache sprechen und damit bei Ihrem Gegenüber das richtige Ohr öffnen.

Welcher Typ sind Sie und wie ticken Sie?

Hier kommt ein kleiner Test, in dem Sie für sich feststellen können, welchem Typus Sie tendenziell entsprechen.

	Dem stimme ich zu		
Aussage	**ja**	**teilweise**	**nein**
Typ 1			
Ich äußere mich direkt, klar und unmissverständlich			
Ich weiß genau, was ich will – und was nicht			
Ich habe meine Ziele im Blick und brauche schnelle Ergebnisse			
Ich habe ein gutes Durchsetzungsvermögen			
Ich kann mich gegenüber anderen Menschen gut behaupten			
Ich ärgere mich über detailverliebte Erbsenzähler			

Ich brauche schnelle Erfolge statt vieler Einzelschritte			
Ich verabscheue überflüssige Gefühlsduselei			

	Dem stimme ich zu		
Aussage	**ja**	**teilweise**	**nein**
Typ 2			
Ich finde es schön, wenn andere Menschen um mich herum sind			
Ich kann mich schnell für Ideen begeistern			
Ich habe das Positive im Blick und bin optimistisch			
Ich habe oft gute Laune und bin ausgelassen			
Ich liebe lebhafte Diskussionen			
Ich interessiere mich für das ganze Ergebnis, weniger für Details			

Ich fühle mich von zu vielen Zahlen, Daten und Fakten genervt			
Ich habe gerne gemeinsam mit anderen Menschen viel Spaß			

	Dem stimme ich zu		
Aussage	**ja**	**teilweise**	**nein**
Typ 3			
Ich habe selten schlechte Laune			
Ich stelle meine Wünsche zugunsten anderer Menschen zurück			
Ich kann anderen Menschen gut und lange zuhören			
Ich kann mich an Einzelheiten festbeißen			
Ich kann besser ‚Ja' als ‚Nein' sagen			
Ich bleibe lieber im Hintergrund, als im Vordergrund zu agieren			

Ich gebe eher nach, um Konflikte zu vermeiden			
Ich lasse andere Menschen gerne ausreden			

	Dem stimme ich zu		
Aussage	**ja**	**teilweise**	**nein**
Typ 4			
Ich beschäftige mich gerne mit Zahlen, Daten und Fakten			
Ich agiere und arbeite systematisch und strukturiert			
Ich brauche ein hohes Maß an Präzision			
Ich arbeite gerne für mich allein			
Ich beobachte andere Menschen sehr gerne und halte mich selbst zurück			
Ich verabscheue oberflächliches Verhalten			

Ich bin gerne mit wenigen Menschen zusammen als mit großen Gruppen			

Zählen Sie nach, bei welchen Typen Sie „ja" und „teilweise" angekreuzt haben. Der Typus, bei dem Sie die meisten Kreuzchen in diesen beiden Feldern haben, entspricht am ehesten Ihrer Person.

Typ 1 = Erfolgsmensch

Typ 2 = Idealist

Typ 3 = Teamplayer

Typ 4 = Analytiker

Ich weiß, welcher Typ
du bist.
Welcher bin ich?

KAPITEL 5: GELUNGENE ARGUMENTATION

Die Sichtweise des Gegenübers

Ihre Stärke und Ihre Überzeugungskraft hängen davon ab, wie gut es Ihnen gelingt, Ihre Ideen, Wünsche, Vorschläge Ihren Gesprächspartnern zu ‚verkaufen'.

Oftmals versuchen wir, unsere Gesprächspartner zu überreden, anstatt zu überzeugen. Der Unterschied besteht darin, dass das Überreden meistens nur einen kurzfristigen Effekt erzeugt unter dem Motto: „Na gut, dann machen wir das eben so, wie du es möchtest." Im Gegensatz dazu hat das Überzeugen einen nachhaltigen Effekt, weil das Gegenüber nun das andere oder das Neue akzeptiert und für sich sozusagen ‚lebt'.

Darüber hinaus ist die Verführung groß, bei einer Argumentation die eigenen Bedürfnisse und Erwartungen in den Mittelpunkt zu stellen. Wir laufen oft Gefahr, aus der ICH-Perspektive unsere Argumentation vorzubringen. Nur leider interessieren sich die Gesprächspartner eher selten für unsere Sichtweise. Sie sind viel eher davon überzeugt, selbst die richtige Einstellung zum entsprechenden Thema zu haben.

Eine gute Chance für Ihre Argumente haben Sie, wenn es Ihnen gelingt, dass sich Ihr Gesprächspartner auf Ihre Wünsche und Ideen einlässt und zum Dialog bereit ist. Dies gelingt Ihnen dann, wenn Sie Ihre Argumente auf der Sichtweise der anderen Person aufbauen. Im ersten Schritt geht es für Sie darum, die Sichtweise oder Ausgangslage Ihres Gegenübers so anzunehmen, wie sie ist. Verzichten Sie in jedem Fall darauf, die Sichtweise der anderen Person verändern zu wollen. Das ist oft zum Scheitern verurteilt.

Nehmen wir als Beispiel die Urlaubsplanung mit Ihrer Partnerin oder Ihrem Partner. Wenn diese Person im Urlaub am liebsten Sport treibt, zum Beispiel gerne Mountainbike fährt, dann sollten Sie Ihre Argumentation darauf aufbauen. Wenn Sie nun gerne diesen Sommer am Mittelmeer einen Strandurlaub mit Sonne und Meer machen möchten, dann können Sie Ihr Gegenüber vielleicht überreden, in diesem Urlaub auf den Sport zu verzichten: „Ich bin jetzt drei Jahre lang im Sommer mit dir in den Bergen Mountainbike gefahren. In diesem Jahr kannst du dich mal nach mir richten. Ich möchte nämlich endlich mal wieder einen Strandurlaub am Mittelmeer machen. Jetzt bin ich mal dran!" Nun haben Sie allerdings das Risiko, dass bereits nach zwei Tagen der Haussegen im Urlaub schief hängt, weil Ihre Partnerin oder Ihr Partner sich am Strand langweilt und Ihnen jeden Tag erzählt, wie schön doch jetzt eine Mountainbike-Tour wäre. Sie sehen, überreden führt nur zu einem kurzfristigen Erfolg.

In Ihrer Argumentation für den Urlaub am Mittelmeer geht es also für Sie zuerst darum zu berücksichtigen, wie Ihr Gegenüber sachlich und fachlich zu diesem Thema steht: Urlaub bedeutet Sport treiben!

Damit schaffen Sie die Basis für Ihre eigenen Überlegungen. Ein Ergebnis kommt nämlich nur dann zustande, wenn beide Parteien in einem Argumentations-Gespräch aus ihrer jeweiligen Sicht profitieren. Und daraus folgt: Ihr Gegenüber muss für sich einen Nutzen erkennen. Nur dann wird sie oder er sich überzeugen lassen.

Fragen Sie sich:

- Welche Interessen und Probleme hat mein Partner?
- Welche Erfahrungen hat die Person mit dem Thema?
- Welche Meinung vertritt mein Partner und wer beeinflusst sie?
- Welchen Nutzen hat mein Gesprächspartner?

Ihr Vorschlag in unserem Urlaubsbeispiel müsste also Strandurlaub und Fahrrad fahren in den Bergen vereinen, sodass Sie beide einen Profit haben.

Denken Sie daran: Argumente treffen nur, wenn sie auch aus der Sicht der Gegenseite richtig sind!

Ein weiterer wichtiger Aspekt bei der Sichtweise des anderen ist die Frage, wie Ihr Gegenüber von der Persönlichkeit her aufgestellt ist. Es ist zu klären, wie Ihr Gegenüber ‚tickt'. Darüber haben Sie im vorherigen Kapitel gelesen und die vier wesentlichen Typen kennengelernt.

Damit haben Sie jetzt eine gute Basis für Ihre Argumentation. Sie berücksichtigen,

- wie Ihre Gesprächspartner sachlich und fachlich zu Ihrem Thema stehen und
- mit welchen Charaktereigenschaften sie ausgestattet sind.

Strategisch statt impulsiv

Als Nächstes brauchen Sie für Ihre Argumentation eine Strategie, damit Sie sich gut durchsetzen können. Wie in allen Gesprächen, in denen Sie etwas erreichen wollen, gilt auch hier: Eine gute Vorbereitung ist bereits der halbe Erfolg. Argumentieren Sie also nicht ‚aus dem Bauch heraus', sondern setzen Sie auf eine Strategie. Und zwar auf die Vier-Punkte-Strategie. Sie besteht aus:

- These
- Beweis
- Beispiel
- Profit/Nutzen

1. These: Information – Behauptung – Beschreibung des IST-Zustandes:

Beginnen Sie Ihre Argumentation mit einer Kernaussage – auch These genannt. Diese Kernaussage stellt den Sachverhalt, um den es geht, in den Mittelpunkt. Beachten Sie: Diese erste Information sollte immer wertfrei sein. Mit einer Wertung riskieren Sie, dass sich Ihr Gegenüber sofort in eine Verteidigungsposition begibt.

Am Beispiel Urlaub sieht das so aus:
„Wir könnten doch in diesem Jahr auf Mallorca unseren Sommerurlaub verbringen.“

2. Beweis: Daten und Fakten:

Als Nächstes beweisen Sie Ihre These mit Daten und Fakten. Wenn eben möglich, sollten Sie jetzt Beweise heranziehen, die Ihre Kernaussage untermauern und damit glaubhaft machen.

„Dort gibt es ein großes Gebirge und zahlreiche kleinere Berg, die sich gut zum Mountainbiken eignen. In einer Broschüre habe ich von mindestens 20 verschiedenen Touren gelesen.“

3. Beispiel:

Bei diesem Punkt geht es darum, anhand eines Beispiels dem Gegenüber zu zeigen, was die Kernaussage für sie oder ihn bedeutet – und zwar in negativer Hinsicht. Finden Sie ein Beispiel, dass bei Ihrem Gegenüber das Empfinden auslöst, dass dieser Sachverhalt auch für sie oder ihn negative Auswirkungen hat.

„Du hast neulich erzählt, dass dein Freund Steffen auf Kreta geradelt ist und dass du ihn darum beneidest.“

4. Schlussfolgerung: Profit/Nutzen für den anderen:

Jetzt ist der Zeitpunkt gekommen, dem Gegenüber ihren oder seinen Nutzen aufzuzeigen. Dieser Nutzen ist abhängig von der Sichtweise der Gesprächspartner. Hier zeigt sich nun, ob es Ihnen gelingt, in Ihrer Argumentation so auf den anderen einzugehen, dass sie oder er den eigenen Profit erkennt und Ihnen deshalb zustimmt und sich überzeugen lässt.

„Auf Mallorca könntest du dir ein professionelles Rad mieten und viele Touren ausprobieren.“

Bedenken Sie: Ein Erfolg versprechendes Argument verspricht der anderen Partei den aus ihrer Sicht erwarteten eigenen Erfolg.

Auf der Grundlage der vier Typen aus dem vorherigen Kapitel könnte nun Ihre Argumentations-Strategie folgendermaßen aussehen:

Die Situation: Ihr Kollege ist der Typ **Analytiker**. Er arbeitet gerne für sich und beteiligt sich nur selten an geselligen Aktionen im Team wie gemeinsames Geburtstagsfrühstück oder Mittagessen. Nun steht ein eintägiger Betriebsausflug mit Besichtigung der Produktionsstätte Ihres wichtigsten Lieferanten an. Damit verbunden ist auch eine Flussfahrt mit geselligem Beisammensein zum Abschluss. Sie möchten Ihren Kollegen davon überzeugen, dass er auch an diesem Ausflug teilnimmt.

1. These: Firma X hat uns eingeladen, die neue Produktionsstätte zu besuchen. Das wollen wir mit einem Ausflug verbinden.

2. Beweis: Firma X ist unser größter Lieferant und wir können uns über mindestens drei Produkte informieren und wissen dann, wie sie hergestellt werden.

3. Beispiel: Jeder von uns – und du bestimmt auch – hat schon festgestellt, dass wir gegenüber unseren Kunden nicht über jedes Produktdetail Auskunft geben können.

4. Profit/Nutzen:

- Wenn wir die Produktionsstätte kennenlernen, bekommen wir viele wertvolle Informationen.
- Wir werden mit einem großen Bus fahren, wo jeder genügend Platz zum Sitzen hat.
- Für Essen und Trinken ist auch gesorgt, weil wir danach eine Flussfahrt von A nach B machen.

Die Situation: Ihre Chefin gehört zum Typus **Erfolgsmensch**. Sie halten es für notwendig, dass endlich ein Kaffeevollautomat auf Firmenkosten angeschafft wird, der verschiedene Kaffeespezialitäten produziert. Das würde für das gesamte Mitarbeiter-Team eine hohe Motivation bedeuten. Der Kaffee aus der alten Kaffeemaschine ist nicht mehr genießbar und mehrere Leute bringen sich schon ihren eigenen Kaffee mit.

1. These: Niemand aus unserem Team mag mehr den Kaffee aus der Kaffeemaschine trinken.

2. Beweis: Die Maschine ist sieben Jahre alt und braucht mehr als eine Viertelstunde, bis der Kaffee durchgelaufen ist.

3. Beispiel: Bei der letzten Besprechung mit dem Kunden X habe ich festgestellt, dass er keine zweite Tasse Kaffee mehr haben wollte und auch die erste Tasse nicht ausgetrunken hat.

4. Profit/Nutzen:

- Wenn wir einen Kaffeevollautomaten hätten, dann könnten wir unseren Kunden eine bessere Qualität bieten.
- Für das Mitarbeiter-Team wäre das eine große Motivation und würde die Leistungsbereitschaft und damit unseren Erfolg erhöhen.
- Sie könnten auch zwischendurch schnell mal einen Espresso trinken, ohne sich lange aufhalten zu müssen.

Die Situation: Ihre Kollegin ist vom Typus her ein **Idealist**. Sie möchten sie davon überzeugen, mit Ihnen einen Malkurs am Wochenende in einer kleinen Malschule an einem idyllischen See zu verbringen. Als Idealistin ist es Ihrer Kollegin wichtig, mit anderen Menschen Zeit zu verbringen und vor ihnen möglichst auch noch gut dazustehen.

1. These: In der Malschule in X-Dorf am Y-See bieten sie Intensivkurse für Aquarellmalerei an.

2. Beweis: An einem Wochenende kann man dort drei verschiedene Maltechniken lernen.

3. Beispiel: Du hast neulich erzählt, dass du gerne dein Maltalent verbessern möchtest und einen Ausgleich zu deinem stressigen Job brauchst.

4. Profit/Nutzen:

- Wenn wir dort einen Kurs buchen, kannst du deine Technik vertiefen und wir lernen bestimmt interessante Leute dort kennen.
- Du kannst dort bestimmt viele neue Kontakte knüpfen, vielleicht lernst du sogar jemanden kennen, der eine Bildergalerie hat.
- Ich habe neulich gelesen, dass die Malschule sogar in Künstlerkreisen einen sehr guten Ruf hat.

Die Situation: Ihr Partner ist ein echter **Teamplayer.** Im Freundeskreis will er es allen recht machen und ist immer hilfsbereit. Deshalb schafft er es nicht, in Ihrem Keller für Ordnung zu sorgen. Dort stapeln sich viele Sachen, die eigentlich nicht mehr gebraucht werden. Nun wollen Sie Ihren Partner davon überzeugen, mit Ihnen gemeinsam den Keller aufzuräumen.

1. These: Wir haben keinen Platz mehr im Keller.

2. Beweis: Die Stellfläche ist nur noch sehr klein, weil viele Sachen dort stehen, die wir nicht mehr brauchen.

3. Beispiel: Du hast neulich ziemlich lange nach deinem Werkzeug für die Reparatur des Wasserhahns gesucht.

4. Profit/Nutzen:

- Wenn wir die Sachen, die wir schon lange nicht mehr benutzt haben, zum Sozialladen bringen, können wir anderen Menschen damit eine Freude machen.
- Du hast dann mehr Platz für deine Werkzeuge und kannst sie so ordnen, wie

du sie brauchst.

- Vielleicht können wir sogar das eine oder andere Teil im Internet verkaufen und bekommen noch ein bisschen Geld dafür.

Es ist wichtig, mehr als einen Profit/Nutzen zu definieren. Wie Sie im nächsten Abschnitt lesen werden, müssen Sie immer mit Gegenargumenten rechnen. Deshalb ist es strategisch sinnvoll, dass Sie sich mehrere Punkte überlegen, die für Ihr Anliegen sprechen.

Zu Ihrem Vorgehen in der Argumentation gehört es nun, dass Sie Ihre Vier-Punkte-Strategie vortragen und dabei folgendes beachten:

Bei dem Punkt Profit/Nutzen führen Sie bitte nur einen Vorteil an. Die anderen Vorteile behalten Sie für sich. Damit haben Sie bei Gegenargumenten noch Vorteile in der Hinterhand, mit denen Sie dann punkten können.

Zerreden Sie Ihre Strategie nicht. Die Vier-Punkte-Strategie besteht idealerweise aus vier Sätzen – nicht mehr. Wenn Sie mehr sagen, riskieren Sie, dass Ihr Gegenüber die einzelnen Punkte nicht wahrnimmt, weil sie in der Menge verschwinden. Das wäre sehr schade.

Beenden Sie Ihre Vier-Punkte-Strategie mit einer offenen Frage: „Was meinst du dazu?“ oder: „Wie sehen Sie das?“ Holen Sie Ihre Gesprächspartner mit offenen Fragen ins Boot.

Übrigens: Wenn es einmal schnell gehen muss und Sie keine Zeit haben, Ihre Strategie vorzubereiten, dann fragen Sie sich, was Ihre Gesprächspartner für Vorteile und Nutzen von der Sache haben, die Sie gerade vorschlagen und die Ihnen wichtig ist. Also raus aus der Ich-Sicht und hinein in die Sicht des anderen.

Umgang mit Gegenargumenten

Und nun die schlechte Nachricht: Sie können noch so gut vorbereitet sein und Ihre Argumentations-Strategie kann noch so ausgefeilt sein, Sie müssen immer mit Gegenargumenten rechnen.

Wie oft haben Sie schon erlebt, dass Sie in einem Argumentationsgespräch gedacht haben:

- Wusste ich doch, dass das jetzt kommt.
- Hätte ich mir ja denken können, dass sie oder er jetzt damit ankommt.
- Hab ich es nicht geahnt?
- Genau das habe ich befürchtet.

All diese Gedanken zeigen Ihnen, wie gut Sie Ihr Gegenüber eingeschätzt haben. Sie wussten also bereits vorher, was an Gegenargumenten kommen würde. Sehr gut – machen Sie etwas daraus! In Zukunft bereiten Sie sich neben der Argumentations-Strategie auch auf mögliche Gegenargumente vor. Es wäre nämlich illusorisch zu glauben, dass Ihre Strategie so perfekt funktioniert, dass Ihr Gesprächspartner sofort „Ja“ sagt.

1. Ein Gegenargument kommt immer

Der Fehler im Umgang mit Gegenargumenten liegt häufig darin, dass sie als persönlicher Angriff gewertet werden. Deshalb fühlen Sie sich nicht gleich angegriffen, beleidigt oder unverstanden, wenn Ihr Gegenüber

- Ihre Argumente anzweifelt,
- eine andere Meinung vertritt oder
- gezielt Gegenargumente vorbringt.

Achten Sie einmal darauf, wie Sie selbst reagieren. Ihr kleiner Sohn kommt zu

Ihnen und fragt: „Darf ich noch am Computer spielen?". Ihr erster Gedanke ist, dass Sie ihm das erlauben werden. Dann kommt Ihnen in den Sinn, ob Sie die Erlaubnis vielleicht mit einer Bedingung verknüpfen könnten. Also antworten Sie: „Ja, das kannst du machen. Allerdings erst, wenn du deine Spielsachen aufgeräumt hast." Da haben Sie es: Auch Sie arbeiten mit Gegenargumenten!

2. Sach- oder Beziehungsebene?

Hören Sie sich die Antwort Ihres Gegenübers genau an und bewerten Sie sie dann: Ist es ein Gegenargument auf der Sachebene oder auf der Beziehungsebene?

Beispiel Sachebene:
Schauen wir uns das Beispiel von oben an, in dem der Teamplayer den Keller für sein Werkzeug aufräumen soll. Auf der Sachebene könnte das Gegenargument lauten: „Ich habe dazu keine Zeit. Du weißt doch, dass ich Leo versprochen habe, ihm beim Bau seines Carports zu helfen." Hier können Sie nun das nächste Nutzen-Argument aus der Tasche zaubern und erwidern: „Ja, und du hast bei einem aufgeräumten Keller mehr Platz für deine Werkzeuge und kannst sie so ordnen, wie du sie brauchst. Dann kannst du zu Leo immer das richtige Werkzeug mitnehmen und dir fehlt nichts."

Schwierig wird es für Sie, wenn Ihr Gegenüber Sie mit einem Gegenargument auf der Beziehungsebene konfrontiert. Die Kunst der Gesprächsführung besteht nun darin, das Gespräch von der Beziehungsebene wieder zurück auf die Sachebene zu lenken.

Beispiel Beziehungsebene:
Der Teamplayer geht auf die Beziehungsebene und greift Sie an: „Dauernd hast du was zu meckern. Ich bin richtig froh, wenn ich die nächsten Wochenenden bei Leo bin und ihm bei seinem Carport helfe. Dann brauche ich mir das Genörgel nicht anzuhören."

Wenn Sie sich jetzt das Vier-Ohren-Prinzip aus dem ersten Kapitel vergegenwärtigen, dann haben Sie jetzt die Chance, das Gespräch zurück auf die Sachebene zu lenken. Der Trick ist der, dass Sie den emotionalen Angriff ignorieren und den Sachaspekt in den Mittelpunkt stellen, also mit dem gleichen Argument antworten, wie auf der Sachebene: „Ja, und du hast bei einem aufgeräumten Keller mehr Platz für deine Werkzeuge und kannst sie so ordnen, wie du sie brauchst. Dann kannst du zu Leo immer das richtige Werkzeug mitnehmen und dir fehlt nichts."

Bleibt Ihr Gegenüber weiterhin emotional und reagiert weiter auf der Beziehungsebene, dann können Sie noch einmal mit einem Sachargument kontern. Der Teamplayer ist weiterhin genervt und sagt: „Lass das mal meine Sorge sein, wie ich das mit dem Werkzeug mache. Misch dich da nicht ein." Nun können Sie Ihr Wissen über den Typus Teamplayer nutzen, der es gerne allen recht machen möchte: „Du würdest mir einen Gefallen tun, wenn du wenigstens ein paar Sachen ausrangieren würdest. Dann hätte ich auch etwas Platz für meine Gartengeräte."

Wenn der Teamplayer nun jedoch weiterhin emotional bleibt und weitere Gegenangriffe startet, dann sollten Sie überlegen, wie viel Sinn dieses Gespräch zum jetzigen Zeitpunkt noch hat. Manchmal ist es besser, ein Gespräch ohne Ergebnis zu beenden und auf einen besseren Zeitpunkt zu warten. Das zeugt dann ebenfalls von einer guten Strategie.

3. Sie haben keine passende Antwort

Natürlich kann es auch passieren, dass Sie mit einem Gegenargument – auf der Sachebene – konfrontiert werden, mit dem Sie überhaupt nicht gerechnet haben. In diesem Fall ist es geschickt, das Gespräch an dieser Stelle abzubrechen und ehrlich zuzugeben, dass Sie mit diesem Aspekt der Angelegenheit nicht gerechnet haben und dies für Sie zu völlig neuen Überlegungen führt. Kündigen Sie dann besser an, das Gespräch zu einem anderen Zeitpunkt noch einmal führen zu wollen.

Ihre Chefin antwortet auf Ihre Argumentation bezüglich des Kaffeevollautomaten: „Ich habe mir dazu auch schon Gedanken gemacht. Und eigentlich sollten wir die ganze Küche auf dem Flur mal neu gestalten." Sie fühlen sich völlig überrumpelt, denn von einer Neugestaltung der Küche haben Sie bisher noch nichts gewusst. Gerne würden Sie hier Ihre Vorschläge einbringen. Denken Sie daran, Ihre Chefin ist ein Erfolgsmensch mit klaren Vorstellungen, wie Ergebnisse auszusehen haben und Ziele erreicht werden.

Doch bevor Sie jetzt mit Ideen kommen, die spontan und ohne Hand und Fuß sind, beenden Sie lieber das Gespräch: „Oh, das ist ja eine tolle Neuigkeit. Schön, dass wir eine neue Küche bekommen sollen. Wenn es Ihnen recht ist, unterstütze ich Sie gerne bei der Planung und stelle Ihnen schon mal einige Details zusammen." Ihre Chefin als Erfolgsmensch will sich nicht mit Kleinigkeiten herumschlagen. Deshalb halten Sie sich jetzt zurück und punkten später mit Ihren Ideen zu den Einzelheiten der Küchenplanung.

Es ist besser, ein Gespräch, das Sie selbst begonnen haben, von sich aus abzubrechen, als sich ‚um Kopf und Kragen' zu reden und eventuell nützliche Argumente, die Sie an anderer Stelle besser einsetzen könnten, nutzlos zu ‚verpulvern'.

4. Sie haben sich auf Gegenargumente eingestellt und die passende Antwort parat

Das Gespräch läuft so, wie Sie es sich vorgestellt und geplant haben. Sie wissen, welche Gegenargumente kommen könnten. Achten Sie darauf, dass Sie Ihrem Gegenüber die notwendige Wertschätzung zukommen lassen. Dies erreichen Sie, indem Sie neue Argumente mit folgenden Worten einleiten:

- „Ich kann gut verstehen, dass Sie auf dem Standpunkt stehen, dass … Bitte beachten Sie auch …"
- „Aus der Perspektive haben Sie recht, andererseits …"
- „Ja, und dafür spricht außerdem …"

Verzichten Sie darauf, Ihr Gegenüber ‚abzubügeln'. Deshalb lauten die schlechten Antworten:

- „Das sehen Sie völlig falsch."

- „Das stimmt so nicht."
- „Da bist du ganz falsch informiert."

Zeigen Sie Ihrem Gegenüber, dass Sie sie oder ihn achten und die andere Meinung respektieren.

5. Verhalten Sie sich kompetent

Kompetenz zeigen Sie, wenn es Ihnen in jedem Fall gelingt, die Argumentation auf der Sachebene zu führen und Ihr Gegenüber immer wieder mit Ihrer Antwort dazu bringen, von der Beziehungsebene auf die Sachebene zurückzufinden.

6. Behalten Sie das Gesprächsziel im Auge

Je besser Sie sich vorbereitet haben, umso besser wissen Sie, was Sie erreichen wollen. Fixieren Sie Ihre Strategie schriftlich. Notieren Sie sich Stichworte zu den einzelnen Punkten. Damit ist es Ihnen im Gespräch jederzeit möglich, zu Ihrem eigentlichen Ziel zurückzukommen: „Lassen Sie uns noch einmal zurückkommen auf den Punkt …"

Gerade wenn das Gespräch in eine ‚falsche' Richtung abzugleiten droht, ist es für Sie hilfreich, Ihre Argumente immer vor Augen zu haben. Die Vorbereitung auf ein Argumentationsgespräch umfasst also neben der Struktur der Argumente und die Vorbereitung auf Gegenargumente auch das Festlegen Ihrer Gesprächsziele.

Für die Praxis heißt das, dass Sie neben der Vier-Punkte-Strategie für Ihre Argumente auch ein sogenanntes ‚Worst-Case-Szenario' erarbeiten sollten, in dem Sie mögliche Gegenargumente für sich auflisten.

Schauen wir uns dazu die vier Beispiele zu den vier Typen aus dem vorherigen Abschnitt an.

1. Sie sollen den Analytiker überzeugen, am Betriebsausflug teilzunehmen. Möglich sind hier folgende Gegenargumente:

- „Du weißt doch, dass ich keine Zeit für solche Ausflüge habe.“
- „Das interessiert mich alles gar nicht und mit den Kunden habe ich hier sowieso nicht viel zu tun.“
- „Das wird doch nur wieder so eine Sauftour. Das brauche ich nicht.“

Das Argument ‚keine Zeit' ist ein Standard, mit dem immer zu rechnen ist. Darauf können Sie sich fast blind verlassen, dass dies angeführt wird. Bei diesen Beispielen sollten Sie darauf verzichten, auf das Argument ‚Sauftour' einzugehen. Die Diskussion darüber wäre sinnlos, da es im schlimmsten Fall ja tatsächlich dazu kommen könnte. Stellen Sie lieber den Profit für den Analytiker in den Mittelpunkt. Einige haben Sie im Beispiel aufgezeigt bekommen.

2. Ihre Chefin als Erfolgsmenschen wollen Sie vom Kaffeevollautomaten überzeugen. Mit diesen Gegenargumenten müssen Sie rechnen:

- „Das ist viel zu teuer. Wissen Sie, was so ein Gerät kostet?“
- „Wer soll sich denn um die Wartung kümmern?“
- „Das haben wir bisher nicht gehabt und sind auch zurechtgekommen.“

Das nächste Standard-Gegenargument ist ‚zu teuer'. Gerade wenn es um Investitionen und Neuanschaffungen geht, steht diese Entgegnung schnell im Mittelpunkt. Bei Erfolgsmenschen – und auch bei Analytikern – sollten Sie jetzt eine Kosten-Nutzen-Rechnung aus der Tasche zaubern.

Bei dem Gegenargument mit der Wartung laufen Sie Gefahr, dass Sie sich zu schnell bereit erklären, für die Wartung zu sorgen. Achten Sie darauf, welche Verpflichtungen Sie eingehen, nur um zum Ziel zu kommen. Machen Sie sich auch dazu im Vorfeld Gedanken, ob Sie hier zu Zugeständnissen bereit sind.

3. Mit Ihrer Kollegin vom Typ Idealist wollen Sie den Wochenend-Malkurs besuchen. Bestimmt wird es auch hier zu Gegenargumenten kommen:

- „Ein Wochenende in X-Dorf? Da ist doch nichts los."
- „Da muss ich mich dann das ganze Wochenende mit einem einzigen Bild befassen, bis ich das endlich fertig habe."
- „Wer weiß, was dort sonst noch für Typen auflaufen, bestimmt jede Menge Langweiler."

Bei Menschen aus Ihrem Kollegenkreis haben Sie den Vorteil, dass Sie die Personen oft sehr gut kennen und deshalb sehr gut beurteilen können, wie Gegenargumente aussehen können. Deshalb können Sie die Kollegin in diesem Beispiel gut mit dem Nutzen der interessanten Leute, den Galeristen und dem guten Ruf der Malschule ‚ködern'.

4. Zum Schluss schauen wir uns noch einmal den Teamplayer und das Keller-Thema an. Dazu haben Sie schon zwei Gegenargumente jeweils auf der Sachebene und der Beziehungsebene gelesen. Weitere Gegenargumente könnten sein:

- „Wo sollen wir denn mit all den Sachen hin, die wir nicht mehr brauchen? Willst du das wegwerfen?"
- „Die Sachen sind alle noch sehr gut und brauchbar. Es wäre zu schade, das alles wegzuwerfen."
- „Ich finde, es kann alles so bleiben, wie es ist. Für mich ist der Keller so in Ordnung."

Erinnern Sie sich? Teamplayer tun sich schwer, Entscheidungen zu treffen und sie wollen gerne, dass alles bleibt, wie es ist. Deshalb nehmen Sie die Entscheidung vorweg, indem Sie gute Lösungen anbieten, was mit den überflüssigen Sachen in Ihrem Keller passieren soll. Ebenfalls ein Standard in der Gegenargumentation ist die Ablehnung von Neuem. Auch darauf können Sie sich bestens vorbereiten, indem Sie darlegen, wo für den Gesprächspartner der Profit im Neuen liegt.

Denken Sie immer daran: Es geht darum, welchen Nutzen die anderen Personen haben. An Ihrem Nutzen ist kaum jemand interessiert.

Die Argumentation vorbereiten

Wenn Sie ein klares Ziel vor Augen haben, können Sie es auch erreichen. Vielleicht haben Sie schon einmal den Satz gehört: ‚Wer kein Ziel hat, kommt irgendwo an.' Dies gilt auch bei der Gesprächsführung und erst recht bei der Argumentation.

Bei der Zielsetzung für eine Argumentation gibt es drei Kategorien:

1. Maximalziel

Sie definieren, was Sie bestenfalls erreichen können.

Bezogen auf die vier Beispiele heißt das:

- Der Analytiker nimmt am Betriebsausflug teil.
- Der Erfolgsmensch Chefin genehmigt den Kaffeevollautomaten.
- Die Idealistin kommt mit zum Malkurs am Wochenende.
- Der Teamplayer räumt den Keller auf.

Selbstverständlich sollten Sie immer zuerst versuchen, Ihr Maximalziel zu erreichen.

2. Minimalziel

Hier stellt sich die Frage, womit Sie sich auch zufriedengeben könnten.

- Der Analytiker besucht mit dem Kollegenkreis die Firma. Bevor die Flussfahrt startet, fährt er nach Hause. Das wäre zumindest ein Teilerfolg.
- Der Erfolgsmensch Chefin genehmigt, dass für eine Woche ein Testgerät aufgestellt wird.

- Die Idealistin kommt nur am Samstag mit.
- Der Teamplayer räumt zehn Teile auf.

Achten Sie darauf, dass Sie den Vorschlag für ein Minimalziel nicht zu schnell hervorholen. Sie sollten erst mit allen Mitteln probieren, das Maximale herauszuholen.

Manchmal ist es schwierig, ein Minimalziel zu definieren, weil es einfach keins gibt. Dann gilt: alles oder nichts.

3. Kompromiss

Wenn Sie Minimal- und Maximalziel nicht erreichen können, muss das noch nicht das Ende der Argumentation sein. Überlegen Sie, welche Vereinbarung Sie dann mit Ihrem Gesprächspartner treffen können, um Ihre Wünsche oder Forderungen doch noch zu erreichen.

Dazu bietet es sich an, dem Gegenüber einen Zeitraum zum Überlegen einzuräumen: „Ich sehe ein, dass wir jetzt keine Lösung erreichen können. Was halten Sie davon, noch einmal über das Thema nachzudenken? Gerne würde ich Sie dazu in einer Woche noch einmal ansprechen."

Vielleicht kann auch eine Testphase helfen, wenn das machbar ist. Dann muss sich Ihr Gegenüber nicht gleich festlegen.

Im Kapitel 3 haben Sie die Hypothese kennengelernt. Die ist gerade hier sehr hilfreich:

- Für den Analytiker: „Könntest du dir vorstellen, dass es interessant ist, sich die Produktion genau vorführen zu lassen?"
- Für den Erfolgsmenschen: „Können Sie theoretisch nachvollziehen, wie schnell Sie einen Espresso bekommen können?"
- Für die Idealistin: „Was wäre, wenn dort rein theoretisch wichtige Galeristen auftauchen?"

- Für den Teamplayer: „Kannst du dir vorstellen, wie schnell du dein Werkzeug im aufgeräumten Keller findest?“

4. Was wollen Sie NICHT

Neben Ihren Zielen machen Sie sich bitte auch Gedanken darüber, was Sie nicht ‚verhandeln' wollen. Überlegen Sie sich bereits vorher, wie Sie die ‚ungebetenen' Angebote ablehnen wollen.

Wie wollen Sie reagieren, wenn

der Analytiker vorschlägt, dass Sie mit Ihrem Handy alles filmen können und ihm den Film hinterher zuschicken,
der Erfolgsmensch die Idee hat, die alte Kaffeemaschine von einem Fachmann überholen zu lassen,
die Idealistin meint, dass sie lieber einen solchen Malkurs auf Sylt machen sollten,
der Teamplayer der Ansicht ist, dass Sie selbst alles aufräumen könnten.

Damit Sie jetzt gut kontern können, sollten Sie sich auch auf solche Situationen vorbereiten.

Weitere Überlegungen zur Vorbereitung Ihrer Argumentation können sein:

Welche Punkte muss ich ansprechen?
Was könnte mein Gegenüber zur Sprache bringen?
Welche Entscheidungen müssen/können getroffen werden?
Was muss ich vermeiden?
Was sind wichtige Informationen zu diesem Thema?

Sie sehen, eine gute Argumentation braucht eine gute Vorbereitung und die Zeit, die Sie dafür brauchen, ist eine gute Investition. Und noch ein Tipp: Schreiben Sie sich die wichtigsten Punkte auf, die Sie unbedingt anbringen wollen. Verlassen Sie sich auf keinen Fall darauf, dass Ihnen im Gespräch schon das Richtige einfallen wird, weil Sie sich vorher bereits Ihre Gedanken gemacht haben. Das Risiko ist viel zu groß, dass etwas Unvorhergesehenes passiert, und Sie NICHTS mehr wissen. Scheuen Sie sich nicht, mit Ihren Notizen in das Gespräch zu gehen. Im Geschäftsleben wird diese Argumentations-Strategie oft verwendet, indem daraus eine PowerPoint-Präsentation erstellt wird und dem Zuhörer alles ‚schwarz auf weiß' gezeigt wird.

Auf den Punkt gebracht: die Argumentation

1. Sagen Sie nie „Ja, aber …"

Ihre Antwort sollte immer mit „Ja, und …" beginnen.

<u>Beispiel:</u>

- „Ja, und auch der Aspekt XY sollte beachtet werden."
- „Ja, und deshalb finde ich es wichtig, dass …"
- „Ja, und wir sollten deshalb auch in Betracht ziehen, dass …"

2. Sagen Sie sofort, worum es geht

Kommunizieren Sie nicht durch die Blume.

<u>Beispiel:</u>

- „Ich möchte mit Ihnen über mein Gehalt sprechen."
- „Es geht mir um meine Urlaubsregelung."
- „Ich benötige eine Entscheidung zu …"

3. Seien Sie auf Gegenargumente vorbereitet

Überlegen Sie, mit welchen Gegenargumenten Sie bestimmt konfrontiert werden und wie Sie darauf reagieren wollen.

4. Bereiten Sie Ihre eigenen Argumente gut vor

Nutzen Sie die Vier-Punkte-Strategie (These – Beweis – Beispiel – Nutzen)

5. Bieten Sie eine Testphase an

Oftmals sind Gesprächspartner eher bereit, für eine kurze Zeit erst einmal etwas auszuprobieren, bevor sie sich endgültig festlegen und für immer auf etwas Neues einlassen.

6. Bleiben Sie dran

Lassen Sie sich nicht abspeisen mit „Ich denke da mal drüber nach …" Dann tut sich nichts und alles versandet.

Beispiel:

- „Schön, dass Sie sich darüber Gedanken machen werden. Ist es in Ordnung für Sie, wenn ich Sie nächste Woche noch einmal darauf anspreche?"
- „Danke, dass Sie darüber nachdenken wollen. Ich stelle für nächsten Mittwoch dazu noch einmal einen Termin ein. Ist Ihnen das recht?"

KAPITEL 6: DAS ICH IM DIALOG

Das habe ich nicht gesagt!

Gespräche werden immer dann schwierig, wenn wir uns unverstanden fühlen oder anderen Menschen unterstellen, dass sie sich falsch ausgedrückt haben. An folgenden Sätzen können Sie das gut erkennen:

- „Das habe ich so nicht gesagt." Darauf antwortet die andere Person: „Doch, hast du".
- „Das habe ich so nicht gemeint." Antwort darauf: „Ich habe das aber so verstanden".
- „Was habe ich denn jetzt schon wieder Falsches gesagt." Darauf die andere Person: „Du bist aber empfindlich".

Dies sind nur einige Beispiele, die Ihnen zeigen, wie schnell ein Gespräch schwierig werden kann. Leider müssen wir immer davon ausgehen, dass das, was wir sagen, nicht unbedingt das ist, was bei unseren Gesprächspartnern ankommt.

Wenn wir versuchen, uns durchzusetzen und selbstsicher aufzutreten, laufen wir leider manchmal Gefahr, über das Ziel hinauszuschießen. Wir machen schlimmstenfalls dabei andere Personen klein und setzen sie unter Druck. Dieses Vorgehen führt nur zu einem kurzfristigen Erfolg. Bedenken Sie: Druck auf Ihre Gesprächspartner erzeugt Gegendruck. Und schon haben Sie einen Konflikt.

Wichtig ist, dass Sie trotz Kommunikationshürden die Grundeinstellung haben, Gespräche zielführend zu gestalten und dabei Ihre positiven Absichten im Auge behalten. Deshalb erfahren Sie in diesem Kapitel etwas über das ICH im Dialog.

Die Ich-Perspektive

In den vorherigen Kapiteln haben Sie viel über Sachebene und Beziehungsebene gelesen – und über die Schwierigkeiten, die sich daraus für die Kommunikation ergeben können.

Es gibt noch weitere Erklärungen, warum Kommunikation nicht immer ganz einfach ist. Eine Erklärung ist die Sache der Ich-Perspektive. Sie haben im Kapitel über die Argumentationstechniken gelesen, welche Bedeutung es für Sie hat, sich auf Ihr Gegenüber einzustellen. Eine genauso große Rolle spielt auch die Sicht, die Sie auf sich selbst haben. Es kommt auf Ihre innere Einstellung an.

Der US-amerikanische Psychiater Eric Berne hat Mitte des 20. Jahrhunderts die Transaktionsanalyse als psychologische Theorie der menschlichen Persönlichkeit aufgestellt. Transaktion heißt Kommunikationsaustausch. Im nächsten Abschnitt lesen Sie dazu mehr. Eric Berne hat in diesem Zusammenhang das Modell „Innere Einstellung im Dialog“ geschaffen. Bei diesem Modell geht es darum, wie wir uns selbst und andere Menschen wahrnehmen:

Ich bin okay **Du bist nicht okay** Überheblich oder überzogen Hilfreich und fürsorglich	**Ich bin nicht okay** **Du bist okay** Selbstzweifel Der andere kann und weiß mehr
Ich bin nicht okay **Du bist nicht okay** Sinnlosigkeit Anerkennung weder geben noch nehmen	**Ich bin okay** **Du bist okay** Konstruktiv und human

Schauen wir uns diese Aussagen genauer an:

1. Ich bin okay, du bist nicht okay

Bei dieser Einstellung haben wir von uns selbst die Wahrnehmung, dass wir in unserem Handeln und in unserem Kommunikationsverhalten alles richtig machen. Im Gegensatz dazu sind das Handeln und die Kommunikation aller anderen Menschen jedoch nicht in Ordnung.

Das führt dazu, dass wir überheblich auftreten, wir werden als arrogant wahrgenommen. Andere Menschen glauben von uns, dass wir alles besser wissen und sowieso immer recht haben.

Diese Einstellung kann auch dazu führen, dass wir sehr hilfreich und fürsorglich auftreten. Wir unterstützen alle anderen Menschen – ob sie wollen oder nicht. Wohlgemeinte Ratschläge sind fester Bestandteil unserer Kommunikation.

Andererseits kann diese Einstellung auch zur Folge haben, dass wir uns in Situationen machtlos fühlen, weil wir doch nichts ändern können. Schließlich sind nicht wir an der Situation schuld, sondern andere Menschen – weil die nicht in Ordnung sind.

Sie können diese innere Einstellung bei sich selbst daran erkennen, dass Sie andere Menschen eher negativ betrachten. Sie sitzen zum Beispiel in einem Lokal und denken über die Bedienung: „Die könnte sich auch mal schneller bewegen. Was macht die für einen schlechten Job. Ich würde den Laden hier ganz anders schmeißen."

Oder Sie sind bei Freunden zum Grillen eingeladen. Irgendwann bemerken Sie, dass sowohl Ihr Bierglas leer ist als auch die Gläser der anderen Freunde. Sie springen auf und bieten Ihre Hilfe an: „So, ich hole uns jetzt erst mal Nachschub an Bier." Hier geben Sie dem Gastgeber das Gefühl, dass er gegenüber seinen Gästen unaufmerksam ist und Sie es besser machen.

2. Ich bin nicht okay, du bist okay

Bei dieser Konstellation nehmen wir uns selbst als minderwertig oder unfähig wahr. Das Handeln und die Kommunikation der anderen Menschen sind jedoch in Ordnung, andere machen alles richtig, wissen alles und können alles.

Unsere Einstellung zu uns selbst ist geprägt von Selbstzweifeln und Unsicherheit. Dies drücken wir schnell sowohl verbal als auch nonverbal aus. Nonverbal heißt, dass unsere Körperhaltung beim Gehen und Sitzen eher nach vorne gebeugt ist. Verbal heißt, dass wir gerne Dinge sagen wie:

- „Ich kann es ja mal versuchen."
- „Ich bin mir nicht ganz sicher."
- „Vielleicht wäre es möglich …"

Dieses Verhalten nimmt unser Gegenüber natürlich wahr und gewinnt tatsächlich den Eindruck, dass wir eher von Zweifeln und Unsicherheit geprägt sind.

Sie erkennen diese Einstellung bei sich selbst, wenn Sie sich und Ihre Körperhaltung beobachten. Gehen Sie mit geradem Rücken durch das Leben, sitzen Sie in aufrechter Haltung am Tisch und ist Ihr Blick offen? Genauso betrachten Sie auch Ihre verbale Ausdrucksweise. Wie oft ertappen Sie sich bei den drei oben beschriebenen Aussagen?

Ein Hinweis auf „Ich bin nicht okay, du bist okay" ist auch Ihre Reaktion auf Kritik. Geben Sie immer gleich klein bei und suchen Sie sofort die Schuld bei sich selbst? Oder wenn Sie im Freundeskreis oft denken, dass andere Personen Dinge so toll machen und alles viel besser können als Sie selbst, steht dies auch für Ihre Selbstzweifel.

Nehmen wir dazu noch einmal die Situation im Lokal. Bei dieser Einstellung denken Sie über die Bedienung: „Die arbeitet ja schnell und hat alles gut im Griff. Ich würde das niemals so hinbekommen."

Im Freundeskreis bei Grillen sagen Sie: „Das Fleisch hast du wieder toll hinbekommen. Ich wäre dazu nicht in der Lage."

3. Ich bin nicht okay, du bist nicht okay

Hier haben wir eine Einstellung des absoluten Pessimismus. Wir nehmen uns als minderwertig wahr und alle Menschen um uns herum ebenfalls. Kein Handeln und keine Kommunikation sind in Ordnung, weder bei uns noch bei anderen Personen.

Wir empfinden das Leben als sinnlos. Wir können anderen Menschen keine Anerkennung geben und können selbst keine Komplimente annehmen. In unserer Wahrnehmung hat alles eine negative Perspektive. Dabei kann es uns durchaus sehr gut gehen. Wir haben weder an uns noch an andere irgendwelche Ansprüche, Erwartungen oder Wünsche. Wir akzeptieren uns und unsere Situation, denn wir können ohnehin nichts ändern – und andere Menschen auch nicht.

Diese Einstellung erkennen Sie an sich selbst, wenn Ihnen die Motivation fehlt, etwas zum Positiven hin zu beeinflussen. Sie sehen keinen Sinn darin, für irgendetwas die Initiative zu ergreifen, denn es kommt sowieso nichts dabei heraus. Verbal stehen folgende Aussagen für diese innere Haltung:

- „Das wird sowieso nichts."
- „Das brauche ich gar nicht erst anzufangen."
- „Das bringt niemandem etwas."
- „Was soll das überhaupt?"

Im Lokal würden Sie zum Beispiel über die Bedienung denken: „Die hat es auch nicht leicht und so einen Stress jeden Tag." Und beim Grillen im Freundeskreis wären Ihre Gedanken: „Wozu soll ich noch um ein weiteres Bier bitten, wir sollten alle nicht so viel trinken – ist ja auch ungesund."

4. Ich bin okay, du bist okay

Diese innere Einstellung ist die beste von allen. Hier haben wir zu uns selbst und zu allen anderen Menschen eine positive Einstellung. Diese ist die optimale Grundlage für eine gelungene Kommunikation. Wir drücken anderen Menschen gegenüber Wertschätzung aus – ohne uns über sie zu stellen. Unser Handeln und unsere Kommunikation empfinden wir als richtig, genauso wie bei allen anderen auch.

Dies bedeutet im Dialog mit anderen Personen, dass wir als menschlich wahrgenommen werden und uns daran gelegen ist, konstruktiv und lösungsorientiert zu kommunizieren.

Im Vergleich zu den anderen drei inneren Einstellungen im Dialog:

- zeigen Sie anderen Menschen gegenüber Respekt und seien Sie achtsam,
- drücken Sie Ihr eigenes Selbstwertgefühl aus und wirken Sie selbstbewusst,
- seien Sie motiviert und zeigen Initiative, wenn gehandelt werden muss.

Im Lokal würden Sie dementsprechend über die Bedienung denken: „Obwohl die Dame so viel zu tun hat, ist sie trotzdem freundlich und versucht, alle Gäste gut zu bedienen. Die macht einen guten Job." Und im Freundeskreis beim Grillen fragen Sie den Gastgeber: „Darf ich dir helfen? Ich könnte neues Bier für alle holen, wenn es dir recht ist."

Dazu noch ein ganz anderes Beispiel: Menschen mit Behinderungen oder Beeinträchtigungen kategorisieren wir ganz schnell in ‚Ich bin okay, du bist nicht okay' – weil beeinträchtigt. Das führt schnell zu folgendem Handeln: Wir begegnen einem Menschen im Rollstuhl, beispielsweise in einer Besprechung. An einer Wand des Besprechungsraums stehen Getränke auf einem Tisch bereit. Wir wollen uns ein Wasser holen und denken dabei an den Menschen im Rollstuhl, der vielleicht nicht so schnell zum Getränketisch gelangt. Also fragen wir: „Was wollen Sie trinken, Herr Weber?" Antwort von Herrn Weber: „Nichts, danke."

Wenn wir die Einstellung haben ‚Ich bin okay, du bist okay' – trotz Beeinträchtigung – dann würden wir eher fragen: „Möchten Sie etwas trinken, Herr Weber? Darf ich Ihnen etwas mitbringen?". Nun sagt Herr Weber: „Nein danke, ich möchte gerade nichts." Er fühlt sich eher wertschätzend behandelt als überrumpelt.

Die Kommunikation und die Transaktion

Eric Berne, der Begründer der Transaktionsanalyse, hat im Rahmen seiner Forschungen beobachtet, dass sich das menschliche Verhalten in drei verschiedene Ich-Zustände einteilen lässt:

- Eltern-Ich
- Kind-Ich
- Erwachsenen-Ich

Das bedeutet für Ihre Gesprächsführung, dass sowohl Sie als Sender als auch Ihre Gesprächspartner als Empfänger von Botschaften sich jeweils in einem dieser drei Ich-Zustände befinden.

Schauen wir uns diese Ich-Zustände genauer an:

1. Eltern-Ich

Menschen, die aus dem Eltern-Ich kommunizieren, können Sie daran erkennen, dass sie sich so verhalten, wie sie es von ihren Eltern gelernt, erlebt und übernommen haben. Das heißt, dass sie zum Beispiel

- gerne Ratschläge geben, weil sie es besser wissen,
- anderen Menschen sagen, was sie tun oder lassen sollen,
- kritisieren, was in ihren Augen nicht in Ordnung ist,
- andere Menschen fürsorglich behandeln und sie bemuttern.

Beispiele für Botschaften aus dem Eltern-Ich:

- „Ich schlage vor, dass Sie das im Geschäft X einkaufen, weil es dort günstiger ist."
- „Ich bin der Meinung, wir sollten morgen eine Fahrradtour machen, weil uns das allen gefallen wird."
- „Es weiß doch jeder, dass das so nicht funktionieren kann."
- „Wir haben doch alle schon erlebt, dass das zu nichts führt."

Hören Sie Ihre Eltern sprechen, wenn Sie diese Sätze lesen? Dann haben Sie jetzt ein Gefühl dafür, was mit dem Eltern-Ich gemeint ist. Die Frage ist nun, wie oft Sie sich selbst dabei ertappen, aus dieser Perspektive zu kommunizieren. Zuerst einmal ist das in Ordnung. In kritischen Situationen kann es allerdings dazu führen, dass Ihre Gesprächspartner das als Bevormundung oder als zu fürsorglich empfinden.

An Ihrem Arbeitsplatz stellen Sie fest, dass der neue Auszubildende sich an einer Aufgabe festbeißt. Er kommt einfach nicht weiter. Sie schauen sich das an und möchten ihm gerne helfen: „Ich schlage vor, dass du erst Aufgabe X abarbeitest, bevor du mit Aufgabe Y weitermachst. Dann bist du schneller fertig und kannst dich eher um andere Dinge kümmern." Darauf reagiert der Auszubildende eher missmutig: „Wenn du meinst, dann mache ich das eben so." Diese Antwort deutet darauf hin, dass der Auszubildende das Gefühl hat, an seinem Arbeitsplatz genauso behandelt zu werden, wie er es von zu Hause kennt. In seiner Wahrnehmung verhalten Sie sich so, wie es seine Eltern tun.

In einem anderen Beispiel treffen Sie sich mit Ihrer Freundin und die berichtet, dass sie auf der Suche nach einem schönen Kleid für die Hochzeit ihrer Cousine ist. Sie hat schon mehrere Geschäfte abgeklappert und auch im Internet bisher nichts gefunden. Sie haben eine Idee, was Ihre Freundin machen könnte: „Ich empfehle dir, zu der Schneiderin in der AB-Straße zu gehen. Die näht dir ein Kleid, wie du es dir vorstellst. Ich habe bei meinen Kolleginnen tolle Sachen gesehen, die sie genäht hat. Das wird dir bestimmt gefallen, da brauchst du gar nicht mehr woanders zu suchen." Auch hier reagiert die Freundin eher abwehrend: „Nee, lass mal. Etwas von der Schneiderin möchte ich auch nicht haben. Hinterher näht die etwas für mich, was ich dann nicht leiden mag und dann trotzdem kaufen muss." Wenn Sie sie jetzt noch kritisieren: „Du weißt aber auch nicht, was du willst" – dann ist der negative Gesprächsverlauf vorprogrammiert. Ihre Freundin erkennt in Ihnen ihre Mutter wieder und fühlt sich unwohl bei Ihren gut gemeinten Ratschlägen mit anschließender Kritik.

In beiden Beispielen handeln Sie aus der Perspektive ‚Ich bin okay, du bist nicht okay'. Und genau so kommt es bei Ihrem Gegenüber an.

2. Kind-Ich

Kommunizieren Sie aus dem Kind-Ich, dann verhalten Sie sich so, wie Sie als Kind gehandelt haben. Reaktionen aus diesem Ich-Zustand sind zum Beispiel

- sich uneinsichtig und trotzig zu zeigen,
- unsicher und vorsichtig zu sein,
- Dinge fantasievoll und neugierig zu betrachten,
- andere Menschen nicht ernst zu nehmen.

Beispiele für Botschaften aus dem Kind-Ich:

- „Ich will das eben nicht."
- „Das ist mir egal."
- „Und was genau hast du im Urlaub gemacht?"
- „Darüber kann ich nur lachen."

Wenn Sie aus dem Kind-Ich kommunizieren, dann laufen Sie Gefahr, von Ihrem Gegenüber nicht ernst genommen zu werden. Ihre Reaktion führt zu der Wahrnehmung, dass hier eher ein Kind als ein Erwachsener spricht. Vielleicht hört Ihr Gegenüber als erwachsener Mensch gerade seine Kinder sprechen.

Nehmen wir wieder das Beispiel des Auszubildenden an Ihrem Arbeitsplatz. Sie kritisieren ihn, indem Sie sagen: „Das ist blödsinnig, wie du das machst. So wirst du nie fertig." Er fühlt sich angegriffen und Ihre Ansprache erinnert ihn an seine Geschwister oder Freunde, die auch so mit ihm sprechen. Dann kann es sein, dass er antwortet: „Das mache ich doch, wie ich will. Ich bin ja nicht doof." Hier ist klar, dass Sie Ihr Ziel nicht erreichen und sich eher ein Streitgespräch entwickelt.

Bei der Freundin könnte eine Reaktion aus dem Kind-Ich so aussehen: „War ja klar, dass du nichts findest. Du weißt auch einfach nicht, was du willst." Die Freundin verteidigt sich: „Klar weiß ich, was ich will. Aber mir gefällt das alles einfach nicht." Auch hier wird der Dialog erst einmal zu keinem Ergebnis führen.

Die Perspektive, aus der Sie hier handeln ist ‚Ich bin nicht okay, du bist nicht okay'.

3. Erwachsenen-Ich

Wenn wir aus dem Erwachsenen-Ich kommunizieren, dann sind wir sachlich und handeln objektiv. Unsere Gesprächspartner behandeln wir, indem wir

- respektvoll mit ihnen umgehen,
- sie als gleichwertig anerkennen,
- unseren Fokus auf Sachverhalte legen,
- konstruktive Vorschläge machen.

Beispiele für Botschaften aus dem Erwachsenen-Ich:

- „Im Geschäft X kostet es weniger als im Internet."
- „Was haltet ihr davon, wenn wir morgen eine Fahrradtour nach XY-Dorf machen?"
- „Was spricht dafür, dass es so funktioniert?"
- „Danke, dass Sie darauf hingewiesen haben."
- „Da stimme ich Ihnen zu."

Im Erwachsenen-Ich lassen Sie die Meinung anderer gelten und diskutieren die Sache und nicht die Ansichten anderer Menschen. In diesem Ich-Zustand handeln Sie überlegt und kontrolliert. Damit schaffen Sie eine gute Grundlage, dass Gespräche positiv verlaufen und alle mit dem Ergebnis zufrieden sind. Hier stellen Sie die Wertschätzung und Anerkennung in den Mittelpunkt – und das nimmt Ihr Gegenüber deutlich wahr.

Schauen wir uns dazu noch einmal die beiden Beispiele an:

Am Arbeitsplatz wollen Sie den Auszubildenden darauf hinweisen, dass er etwas anders und besser bearbeiten soll. Aus dem Erwachsenen-Ich sagen Sie: „Wenn erst Aufgabe X erledigt wird, dann kann Aufgabe Y schneller bearbeitet werden. Was meinst du dazu?“ Somit bleiben Sie bei der Sache, Sie kommunizieren auf der Sachebene. Sie stellen die Aufgabe und nicht die Person in den Mittelpunkt. Wenn Sie außerdem die Meinung Ihres Gegenübers erfragen, holen Sie die Person auf diese Weise mit ins Boot und drücken Respekt aus. Nun wird der Auszubildende Ihnen höchstwahrscheinlich auf der Sachebene antworten, also auch aus dem Erwachsenen-Ich heraus: „Herr Berger hat gesagt, ich soll das so bearbeiten.“ Jetzt können Sie gemeinsam den Sachverhalt klären.

Bei der Freundin können Sie aus dem Erwachsenen-Ich folgendermaßen reagieren: „Kennst du die Schneiderin in der AB-Straße? Was ich bisher von ihr an Kleidern gesehen habe, hat mir gut gefallen.“ Jetzt stellen Sie die Schneiderin in den Mittelpunkt – und nicht die Unentschlossenheit Ihrer Freundin. Diese könnte nun ebenfalls aus dem Erwachsenen-Ich heraus antworten: „Nein, die kenne ich nicht. Aber muss man dann nicht kaufen, was die genäht hat? Das finde ich riskant.“ Ihre Unterhaltung kann sich weiter um die Schneiderin drehen. Sie bleiben im Erwachsenen-Ich auf der Sachebene, ohne zu belehren oder ungebetene Ratschläge zu geben.

Ihre Perspektive ist in diesem Fall ‚Ich bin okay, du bist okay‘.

Gelingt es Ihnen, aus dem Erwachsenen-Ich heraus zu handeln und zu reagieren, dann

- sind Sie immer auf der Sachebene anstatt auf der Beziehungsebene,
- stellen Sie mehr Fragen und geben weniger Ratschläge,
- führen damit den Dialog und
- fokussieren mehr Ihre Gesprächspartner und deren Nutzen.

Sie schaffen damit eine Win-win-Situation für alle Beteiligten.

Der gelungene Kommunikationsaustausch

In unserem Kommunikations-Alltag machen wir uns wenig Gedanken darüber, aus welchem Ich-Zustand wir gerade selbst sprechen oder von anderen Menschen angesprochen werden. Wir führen Gespräche ‚aus dem Bauch heraus', wie Sie im ersten Kapitel beim Eisbergmodell erfahren haben.

In schwierigen Situationen oder mit schwierigen Gesprächspartnern kann es für Sie jedoch sehr hilfreich sein, wenn Sie sich bewusst machen können, aus welchen Ich-Zuständen gerade kommuniziert wird und dass Sie darauf Einfluss nehmen können. Sie können zumindest Ihren Ich-Zustand bewusst verändern. Das ist immer dann notwendig und sinnvoll, wenn es

- zu Konflikten kommt,
- Gesprächsziele nicht erreicht werden,
- Missverständnisse auftauchen.

Dazu einige Beispiele für einen gelungenen Kommunikationsaustausch:

1. Beide Dialogpartner befinden sich in dem gleichen Ich-Zustand

Herr Winter sagt: „Das nächste Team-Meeting findet nächsten Montag um 14:30 Uhr statt. Können Sie dazu bitte die Kundenliste mitbringen?“

Frau Sommer antwortet: „Ja, das ist möglich. Ich trage es gleich im Kalender ein.“

Bei diesem Dialog befinden sich beide im Erwachsenen-Ich und der Dialog verläuft normal.

2. Ein Dialogpartner befindet sich im Eltern-Ich und will beim anderen Dialogpartner das Kind-Ich ansprechen

Frau Sommer sagt: „Sagen Sie mal, Herr Winter, muss das hier so unordentlich aussehen?“

Herr Winter antwortet: „Das mache ich, wie ich will.“

Dieses Gespräch verläuft ebenfalls normal, weil beide Gesprächspartner die Ebene für sich akzeptieren, aus der heraus sie gesprochen haben.

In der Familie fragen Sie Ihre Partnerin: „Mit wem telefonierst du denn schon wieder so lange?“. Darauf antwortet Ihre Partnerin: „Mit Sophie, mit wem denn sonst.“ Hier sprechen Sie aus dem Eltern-Ich bei Ihrer Partnerin das Kind-Ich an. Ihre Partnerin antwortet aus dem Kind-Ich. Somit ist die Kommunikation ebenfalls gelungen.

3. Ein Dialogpartner spricht beim Gegenüber ein bestimmtes ICH an, der andere antwortet jedoch auf einer anderen Ebene

Herr Winter spricht aus dem Eltern-Ich das Kind-Ich bei Frau Sommer an: „Was haben Sie sich denn bei dieser Aktion gedacht?“

Frau Sommer antwortet jedoch auch im Eltern-Ich: „Was denken Sie sich, so mit mir zu reden?“

Dieses Gespräch wird zum Streit führen, denn Herr Winter hat nicht damit gerechnet, aus dem Eltern-Ich eine Antwort zu bekommen. Er hat eher erwartet, dass Frau Sommer sich aus dem Kind-Ich heraus rechtfertigt.

Die Lösung: Herr Winter verändert seinen Zustand und geht in das Erwachsenen-Ich, indem er sagt: „Entschuldigung, Frau Sommer, ich wollte Sie nicht angreifen. Bitte erklären Sie mir kurz, warum Sie diese Aktion so konzipiert haben."

Ein anderes Beispiel:
Herr Winter schlägt vor: „Wollen wir unsere Weihnachtsfeier vielleicht in diesem Jahr im Bowling-Center veranstalten?"

Frau Sommer antwortet: „Immer wollen Sie was anderes machen als sonst."

Herr Winter hat aus dem Erwachsenen-Ich Frau Sommer angesprochen und gehofft, dort ebenfalls auf das Erwachsenen-Ich zu treffen. Doch leider antwortet Frau Sommer im Kind-Ich. Dies irritiert Herrn Winter und er wird den Dialog als misslungen ansehen.

Die Lösung: Herr Winter bleibt weiterhin im Erwachsenen-Ich und fragt nach: „Was halten Sie davon, ins Bowling-Center zu gehen?"

4. Im Dialog sind die wahren Ich-Zustände versteckt

Frau Sommer sagt: „Die Bilder für den Prospekt müssen schwarz-weiß sein."

Hier spricht Frau Sommer aus dem Erwachsenen-Ich. Wenn wir genau hinschauen bzw. hinhören, dann erkennen wir, dass es sich hier um eine Ermahnung handelt, also das Kind-Ich bei Herrn Winter angesprochen wird. Hier kommt es nun ganz entscheidend darauf an, wie Frau Sommer diese Botschaft sendet. Ausschlaggebend sind hier ihr Ton und ihre Körperhaltung.

Dementsprechend antwortet Herr Winter im Erwachsenen-Ich: „Das haben Sie mir schon einmal gesagt."

Sagt Herr Winter dies jedoch in einem trotzigen Ton und mit vor der Brust verschränkten Armen, kommt hier das Kind-Ich zum Vorschein.

Sobald Frau Sommer dies bemerkt, kann Sie weiter aus dem Erwachsenen-Ich reagieren und die Situation lösen: „Gut, Herr Winter. Dann ist alles in Ordnung."

Wenn Sie ein Gefühl für diese drei Ich-Zustände bekommen möchten, beobachten Sie andere Menschen bei ihrer Unterhaltung untereinander. Schnell werden Sie feststellen, dass das Eltern-Ich und das Kind-Ich die größte Rolle spielen und das Erwachsenen-Ich erst an dritter Stelle kommt.

Und natürlich beobachten Sie sich selbst. Fragen Sie sich:

- Erkenne ich, in welchem Ich-Zustand ich mich gerade befinde?
- Gibt es einen Ich-Zustand, in dem ich mich häufig befinde?
- Wann handele ich in welchem Ich-Zustand?
- Was habe ich davon, wenn ich meinen Ich-Zustand bewusst verändern kann?

Noch einige Beispiele zur Verdeutlichung der Ich-Zustände:

Die Situation:
Sie bilden mit einem Kollegen eine Fahrgemeinschaft, bei der Sie sich auf einem zentralen Parkplatz treffen und dann gemeinsam in einem Auto den Weg zur Firma zurücklegen. Nun wollen Sie Ihren Kollegen darauf aufmerksam machen, dass er oft unpünktlich ist und Sie auf ihn warten müssen.

Eltern-Ich: „Du kommst dauernd zu spät und ich muss auf dich warten. Kannst du das bitte ändern?" – Das führt zur Bevormundung.

Kind-Ich: „Dauernd muss ich auf dich warten." – Die klassische Trotzreaktion.

Erwachsenen-Ich: „Ich habe gestern zehn Minuten auf dem Parkplatz warten müssen. Was sagst du dazu?" – Der Sachverhalt wird in den Mittelpunkt gestellt und eine konstruktive Lösung angestrebt.

Die Situation:
Sie wollen eine Nachbarin um einen Gefallen bitten, Sie soll während Ihres Urlaubs zwei Pflanzkübel in Ihrem Vorgarten gießen.

Eltern-Ich: „Ich brauche jetzt mal Ihre Hilfe. Können Sie bitte während meines Urlaubs die beiden Pflanzkübel gießen?“ – Auch hier haben wir wieder die Bevormundung. Anderen Menschen wird gesagt, was sie zu tun haben.

Kind-Ich: „Bitte, bitte, können Sie meine Pflanzkübel gießen?“ – Hier spricht das unsichere Kind.

Erwachsenen-Ich: „Ich fahre nächsten Sonntag für zwei Wochen in den Urlaub. Können Sie bitte die Pflanzkübel gießen? Das würde meine Pflanzen retten.“ – Der Sachverhalt Urlaub und Pflanzkübel steht im Mittelpunkt.

Die Situation:
Ein Kollege geht mehrmals am Tag zum Rauchen vor die Tür. Während dieser Zeit müssen Sie immer wieder Ihre Arbeit unterbrechen und sein Telefon bedienen.

Eltern-Ich: „Ich wundere mich, wie du deine Arbeit schaffst, wenn du so oft Rauchen gehst.“ – Der Vorwurf führt zum Konflikt.

Kind-Ich: „So viel Rauchen ist ungesund.“ – Die Vorsicht spricht aus dem Kind.

Erwachsenen-Ich: „Ich habe gerade fünf Anrufe für dich entgegengenommen. Das hält mich leider von meiner Arbeit ab. Können wir das bitte anders lösen?“ – Die Lösung der Situation wird konstruktiv angestrebt.

Besonders in Situationen, in denen wir andere Menschen kritisieren müssen, tun wir uns einen großen Gefallen, wenn wir aus dem Erwachsenen-Ich heraus agieren. Damit haben wir zumindest die Chance auf einen konfliktfreien Dialog und eine gute Zielerreichung.

KAPITEL 7: HURRA! EIN KONFLIKT

Konflikte gehören zum Alltag

Häufig empfinden wir einen Konflikt mit anderen Menschen als unangenehm. Deshalb fällt es uns schwer, Konflikte zu ertragen und erst recht Konflikte auszutragen. Viel lieber wäre es uns, dass wir mit allen Menschen um uns herum gut auskommen. Dabei laufen wir jedoch Gefahr, dass wir entweder den Konflikt herunterschlucken, also aussitzen und auf Besserung warten. Oder wir werden emotional, weil wir an die Decke gehen. Kennen Sie den berühmten Tropfen, der das Fass zum Überlaufen bringt?

Wie oft haben Sie schon erlebt, dass Sie lange Ihren Unmut über eine Situation heruntergeschluckt haben und irgendwann hat es Ihnen gereicht und Sie haben verärgert reagiert. Ihr Gegenüber konnte das gar nicht begreifen, schließlich haben Sie bisher auch nicht reagiert. Deshalb bekommen Sie das Feedback: „Warum regst du dich denn auf einmal so auf? Bisher hat dich das doch auch nicht gestört." Besser ist es, wenn Sie es gar nicht erst so weit kommen lassen und schneller in Aktion treten.

Bedenken Sie: Kleine Konflikte sind wie kleines Unkraut, das Sie schnell aus dem Blumenbeet entfernt haben. Wachsen Konflikte und werden groß, wird es viel schwieriger, den großen Unkrautbusch aus dem Blumenbeet zu entfernen. Vielleicht brauchen Sie dann sogar dafür ein Hilfsmittel – Gartenschere oder Hacke. In der Kommunikation bedeutet das dann, dass Sie ein Kritik-Gespräch führen müssen, weil der Konflikt nicht mal eben so beseitigt werden kann.

Es kann auch sein, dass wir nicht genau wissen, wie wir die Kritik formulieren sollen und deshalb zögern, etwas zu sagen. Oder wir haben einfach den richtigen Zeitpunkt dafür verpasst – glauben wir zumindest.

Typische Konfliktsituationen

Wo Menschen miteinander leben und/oder arbeiten, gehören Konflikte zur Tagesordnung. Sie sind etwas Normales und lassen sich niemals vermeiden. Das bedeutet allerdings nicht, dass wir sie als „gottgegeben" betrachten sollten. Es gibt viele Ursachen, die zu Konflikten führen können:

1. Am Arbeitsplatz ist das Fachwissen im Kollegenkreis sehr unterschiedlich

Das kann dazu führen, dass bestimmte Kolleginnen oder Kollegen sich immer wieder mit den gleichen Fragen oder Hilferufen an Sie wenden, weil sie Ihre Kompetenz als höher einschätzen: „Ich habe schon wieder vergessen, wie ich das machen soll. Kannst du mir – ausnahmsweise – noch einmal helfen?" Wenn dies einmal passiert, wäre das für Sie in Ordnung. Aber wenn dieselben Personen immer wieder mit den gleichen Fragen kommen, wird es irgendwann lästig.

Vielleicht führt das unterschiedliche Fachwissen auch dazu, dass Sie für Kolleginnen oder Kollegen Aufgaben erledigen müssen, die gar nicht in Ihren Zuständigkeitsbereich gehören. Aber weil Sie das doch so gut können, werden die Aufgaben mal eben wieder bei Ihnen abgeladen. Das ärgert Sie und es baut sich ein Konfliktpotenzial vom Feinsten auf.

2. Aufgaben, Funktionen und Kompetenzen sind unklar

Sie sollen mit drei weiteren Mitarbeitenden eine Veranstaltung organisieren. Wenn Sie nicht genau geklärt haben, wer welche Aufgaben übernimmt, haben Sie am Ende schlimmstenfalls die Situation, dass entweder einige Dinge von allen dreien erledigt wurden (zum Beispiel hat jeder eine Einladung entworfen) oder einiges gar nicht organisiert wurde (zum Beispiel wurde keine Verpflegung bestellt). Nun hagelt es Vorwürfe, warum keine Abstimmung erfolgt ist. Ein schöner Konflikt.

3. Sympathie, Antipathie, persönliche Vorurteile

Es ist ganz normal, dass wir zu manchen Menschen ein besseres Verhältnis haben als zu anderen. Fühlen sich andere Menschen allerdings von uns zum Beispiel übergangen oder schlecht behandelt, sind Konflikte vorprogrammiert. Manchmal stellen uns auch Vorurteile ein Bein. Wir hören vom Kollegen, dass der neue Praktikant ziemlich unfreundlich sei. Also passiert es schnell, dass wir diesen neuen Praktikanten erst einmal in die Schublade ‚unfreundlich' stecken und ihn nur zurückhaltend grüßen. Dieser neue Praktikant wundert sich und fühlt sich missachtet. Auch das kann langfristig zum Konflikt führen, wenn wir ihm keine Chance einräumen, ihn wirklich kennenzulernen.

4. Zwanghafte Teambildung

Sie müssen am Arbeitsplatz mit Menschen, die Ihnen eher unsympathisch sind, neuerdings im Großraumbüro auf engem Raum zusammenarbeiten. Oder Sie werden von Freunden eingeladen, mit anderen Freunden einen Ausflug zu unternehmen. Diese anderen Freunde mögen Sie aber nicht besonders.

Konflikte können leicht entstehen, wenn wir gezwungen werden, mit bestimmten Personen zusammen zu sein, obwohl wir das gar nicht wollen.

Diese Liste lässt sich noch unendlich fortsetzen.

Wollen Sie Konflikte lösen, hat das etwas mit Ihrer Einstellung zu tun. Konflikte können nur durch Aktionen – und nicht durch die Zeit – gelöst werden. Sie müssen also etwas tun.

Wenn Sie einen Konflikt lösen, werden Sie dabei immer auch etwas für sich lernen. Sie werden erfahren, was gute und was weniger gute Lösungen sind. Außerdem wird es Ihre Zeit kosten. Konflikte lösen Sie nicht mal eben zwischendurch.

Und denken Sie daran, Konflikte können Sie nur mit den Beteiligten lösen. Zwar können Sie sich von anderen Personen beraten lassen. Am Ende müssen Sie jedoch auf die Beteiligten zugehen.

So geht es nicht: Schlechtes Verhalten bei Konflikten

Anstatt Konflikte zu lösen, verhalten sich manche Menschen so, dass der Konflikt noch verstärkt wird. Und das geht so:

- Angriff: Es haben immer „die anderen" Schuld, die das aber nicht erkennen wollen.
- Leugnen: Den Konflikt gibt es nicht, der Kopf wird in den Sand gesteckt.
- Bagatellisieren: So schlimm es das doch nicht, wir müssen aus einer Mücke keinen Elefanten machen.
- Resignieren: Das ist eben so, da kann ich nichts machen, das war schon immer so.
- Aufschieben: Wenn ich mal Zeit habe, kümmere ich mich darum.
- Delegieren: Damit können sich andere herumschlagen.

Dieses Verhalten führt dazu, dass die Konfliktpflanze munter weiterwächst und irgendwann das Ganze im Streit eskaliert.

Die drei Konflikt-Ebenen können helfen

Es klingt so banal und hat doch eine große Bedeutung: Erkennen Sie den Konflikt. Führen Sie sich vor Augen, dass etwas nicht in Ordnung ist und Sie handeln müssen. Sie können jeden Konflikt einer sogenannten Konflikt-Ebene zuordnen:

1. Intrapersonale Konfliktebene

Hier haben wir einen Konflikt, den nur Sie spüren – sonst niemand. Sie erkennen diese Konfliktebene daran, dass nur Sie sich ärgern. Allen anderen Menschen um Sie herum geht es wunderbar.

Nehmen wir dazu noch einmal das Beispiel, in dem die Kollegen immer wieder mit den gleichen Fragen zu Ihnen kommen. Den Kollegen geht es dabei prächtig. Schließlich bekommen sie von Ihnen die Antworten und die Unterstützung, die sie brauchen. Nur Sie ärgern sich, dass Sie dauernd in Ihrer Arbeit unterbrochen werden und die Kollegen nicht bereit sind, sich die Dinge zu merken.

Konflikte auf dieser Ebene werden gelöst, indem Sie sich klarmachen, was Sie wollen und wie Ihre Einstellung in Sachen Hilfestellung gegenüber dem Kollegenkreis aussehen soll. Den Konflikt können Sie nur mit sich selbst lösen.

Ein anderes Beispiel dazu: Sie wollen mit einem Freund abends ausgehen. Auf die Frage, wo es denn hingehen soll, antworten Sie: „Wir können ja erst ins Steakhaus gehen und danach sehen wir weiter." Ihr Freund stimmt zu. Schon im Steakhaus stellen Sie fest, dass Sie eigentlich viel lieber zum Asiaten gegangen wären. Anschließend schlägt Ihr Freund vor, in die XY-Bar zu gehen. Sie stimmen zu, obwohl Sie viel lieber in eine Bierkneipe gehen würden. Der Abend verläuft in einer eher angespannten Stimmung, denn Ihr Freund bemerkt Ihre Unzufriedenheit.

Nun könnten Sie annehmen, dass Sie einen Konflikt mit dem Freund haben, der immer nur das unternehmen will, was ihm Spaß macht. Bei genauem Hinschauen stellt sich jedoch heraus, dass Sie einen Konflikt mit sich selbst haben, denn Sie wissen nicht, was Sie wollen: im Steakhaus oder beim Asiaten essen, in einer Bar oder einer Kneipe den Abend verbringen. Wenn Sie diese Unzufriedenheit weiterhin auf den Freund übertragen, kann es allerdings tatsächlich zu einem Konflikt zwischen Ihnen beiden kommen.

Sobald Sie für sich eine Entscheidung getroffen haben und wissen, was Sie wollen, ist der Konflikt gelöst.

2. Interpersonale Konfliktebene

Zwei oder mehr Personen spüren deutlich, dass etwas nicht in Ordnung ist.

Bei dem Beispiel mit dem neuen Praktikanten haben wir einen interpersonalen Konflikt. Sie behandeln den neuen Praktikanten distanziert – er macht das Gleiche mit Ihnen. Sie beide fühlen sich unwohl, wenn Sie sich begegnen.

Interpersonale Konflikte können nur durch Kritik-Gespräche oder Veränderungen gelöst werden. In diesem Beispiel bedeutet das, dass Sie mit dem neuen Praktikanten klären müssen, warum der Konflikt entstanden ist und wie sie in Zukunft miteinander umgehen wollen.

Nur die am Konflikt Beteiligten können diesen Konflikt aus der Welt schaffen.

Auch hierzu ein weiteres Beispiel: Sie sitzen mit einem Kollegen im Büro, dem es schnell warm wird und der deshalb ganz oft die Heizung herunterregelt und das Fenster öffnet. Sie hingegen mögen es eher kuschelig warm und fangen an zu frieren, sobald es im Raum kalt wird. Das bedeutet für den Umgang miteinander, dass Ihr Kollege sich genervt fühlt, wenn Sie schnell das Fenster wieder schließen und Sie sich genervt fühlen, wenn er die Heizung wieder abstellt. Es dauert nicht lange, und einer von Ihnen beiden rastet aus: „Immer dieses Hin und Her, Fenster auf, Fenster zu, können wir es nicht mal so lassen, wie es ist?"

Und schon haben Sie den schönsten interpersonalen Konflikt. Sie müssen miteinander reden, ein Konflikt-Gespräch führen und eine gemeinsame Lösung finden, wenn Sie weiterhin miteinander in einem Raum arbeiten wollen.

3. Organisatorische Konflikte

Diese Konfliktebene ist gefährlich. Vordergründig werden häufig die betroffenen Personen für den Konflikt verantwortlich gemacht. Wenn wir jedoch genau hinschauen stellen wir fest, dass mangelnde Organisation für den Konflikt verantwortlich ist – also die Sache und nicht der Mensch.

Schauen wir dazu auf das Beispiel mit der Veranstaltung. Diejenigen, die die Einladung konzipiert haben, sind enttäuscht. Diese Enttäuschung entlädt sich darin, dass sich alle untereinander beschweren, warum keiner den anderen darüber informiert hat, was sie oder er bearbeitet.
Am Ende fühlen sich alle unwohl und realisieren, dass es einen Konflikt gibt. Die gute Stimmung ist dahin.

Bei genauerer Betrachtung erkennen alle, dass es nicht an ihnen als Personen gelegen hat. Die mangelnde Organisation ist der Auslöser für diesen Konflikt. Die Vorgesetzte, die den Auftrag erteilt hat, hätte hier die Aufgabe der Koordination übernehmen müssen. Die Ansage: „Organisiert das mal" führte automatisch zum organisatorischen Konflikt.

Organisatorische Konflikte können somit auch nur über eine bessere Organisation gelöst werden.

Dazu ein weiteres Beispiel aus dem Arbeitsalltag: Sie haben zwei Vorgesetzte. Beide übertragen Ihnen immer wieder verschiedene Aufgaben, die Sie mal eben schnell erledigen sollen. Oftmals wissen Sie nicht, wen Sie nun zuerst ‚bedienen' sollen. Beide machen bei Ihnen Druck. Sie haben das Gefühl, zwischen den Stühlen zu sitzen, denn Sie können es nicht beiden Vorgesetzten gleichzeitig recht machen. Sie fangen an, an sich selbst zu zweifeln, ob Ihre Arbeitsleistung noch in Ordnung ist. Das Ganze wird für Sie zum Konflikt am Arbeitsplatz.

In dieser Situation machen Sie den Konflikt zuerst bei sich und Ihren Vorgesetzten fest – also bei den Personen und ihrem Verhalten. Wenn Sie allerdings die Situation genau analysieren, stellen Sie fest, dass es die Umstände der Organisation sind, die zum Konflikt führen. Es mangelt nämlich an einer guten Abstimmung zwischen Ihnen und Ihren Vorgesetzten. Sobald Sie die Organisation der Zusammenarbeit geklärt haben, ist auch der Konflikt gelöst.

Das Kritik-Gespräch: Taktik in fünf Schritten

Konflikte auf der interpersonalen Ebene lassen sich nur durch Kritik-Gespräche lösen. Die besondere Herausforderung besteht darin, die Kritik bei Ihrem Gegenüber so anzubringen, dass sie oder er die Botschaft annehmen kann – und sich nicht beleidigt oder angegriffen fühlt. Die Kunst ist, das negative Feedback bei Ihren Gesprächspartnern sachlich und ohne Vorwurf anzubringen.

Selbstverständlich können Sie jederzeit Ihren Emotionen Luft machen und andere Menschen kritisieren, wie Ihnen ‚der Schnabel gewachsen ist'. Angenommen, eine andere Person fällt Ihnen ständig ins Wort, während Sie ihr etwas erklären. Nun könnten Sie darauf reagieren:

- „Fallen Sie mir nicht dauernd ins Wort."
- „Sie sollen mich nicht dauernd unterbrechen."
- „Darf ich vielleicht mal ausreden?"
- „Was bilden Sie sich eigentlich ein, mir dauernd dazwischenzuquatschen?"

Allerdings laufen Sie damit Gefahr, dass solche Gespräche eher eskalieren und zu keiner Lösung führen, da sich die andere Person angegriffen fühlt. Vermeiden Sie deshalb, Kritik ‚aus dem Bauch heraus' zu äußern, wenn Sie nachhaltig etwas erreichen wollen.

Treffen Sie für sich eine deutliche Unterscheidung: Will ich meinem Ärger Luft machen oder will ich eine Veränderung erreichen.

Wenn Sie sich über eine Person oder eine Situation ärgern und eine Verbesserung erreichen wollen, dann sollten Sie das Kritik-Gespräch sorgfältig vorbereiten:

1. Klären Sie den Konflikt

Stellen Sie sich zu Beginn Ihrer Vorbereitung auf das Kritik-Gespräch drei Fragen:

- Bin ich berechtigt, diese Kritik zu üben?

Sie sind immer dann berechtigt, Kritik zu üben, wenn Sie direkt betroffen sind. Die zu klärende Situation muss zwischen Ihnen und der anderen Person bestehen.

Sie sind nicht berechtigt, Kritik zu üben, wenn andere Menschen Sie in deren Konflikte mit hineinziehen wollen oder Sie bitten, andere Personen für sie zu kritisieren.

Ein Kollege kommt zu Ihnen und beschwert sich über eine Kollegin, weil die im Kollegenkreis immer über andere herzieht und lästert. Sie sind davon allerdings nicht betroffen. Deshalb sollten Sie sich heraushalten. Auch wenn der Kollege Sie bittet: „Kannst du nicht mal mit ihr reden? Das geht schon allen auf den Geist. Du verstehst dich doch ganz gut mit ihr."

Da Sie nicht betroffen sind, sind Sie auch nicht berechtigt, die Kollegin und deren Verhalten zu kritisieren. Sollten Sie es doch tun, weil Sie denken, dass Sie ja tatsächlich einen guten Draht zur ihr haben, gehen Sie ein großes Risiko ein. Dieses Gespräch kann für Sie sehr unangenehm werden, wenn die Kollegin zurückschießt: „Was geht dich das an?". Schlimmstenfalls sind Sie dann das nächste Opfer, über das gelästert wird.

- Will ich meinen Ärger loswerden oder will ich konstruktiv Kritik üben und etwas verändern und verbessern?

Sie sollten auf ein Kritik-Gespräch verzichten, wenn Sie nur Ärger loswerden wollen. Warten Sie lieber einen Tag ab, ob Ihre Emotionen 24 Stunden später immer noch so stark sind – oder Sie sich schon beruhigt haben und die Angelegenheit mit Abstand besser betrachten können. Bedenken Sie: Im Kritik-Gespräch muss die Sache, um die es geht, im Vordergrund stehen. Wenn Sie Ihre Emotionen – also Ihren Ärger – in den Mittelpunkt rücken, fehlt Ihnen die nötige Distanz für ein Gespräch. Und es droht wieder die Eskalation.

Sie ärgern sich über eine Arbeitskollegin, die heute den ganzen Tag schon schlechte Laune hat – und das an Ihnen auslässt, indem sie sich über alles und jeden beschwert. Sie können es langsam nicht mehr hören. Wenn Sie nun heute darauf reagieren, sind Sie emotional genauso negativ unterwegs wie Ihre Kollegin. Warten Sie lieber bis zum nächsten Tag. Entweder hat sich die Laune der Kollegin wieder gebessert oder Sie nehmen die Gelegenheit wahr, sich mit Distanz auf das Kritik-Gespräch mit ihr vorzubereiten. Bestenfalls sieht Ihre Kollegin sogar von selbst ein, dass sie gestern nicht gut drauf war und entschuldigt sich bei Ihnen.

- Besteht die Aussicht auf Erfolg?

Sie sollten nur dann ein Kritik-Gespräch führen, wenn Sie davon überzeugt sind, dass Sie auch erfolgreich sein werden. Überlegen Sie genau, ob die zu kritisierende Person überhaupt bereit ist, eine für alle Beteiligten gute Lösung zu finden. Prüfen Sie auch, inwieweit Sie zu einem Kompromiss in der Lage wären. Wichtig ist auch die Frage, ob Sie vor der entsprechenden Person genügend Respekt und Achtung haben, um sie mit der nötigen Distanz zu kritisieren. Nur wenn diese Voraussetzungen erfüllt sind, haben Sie eine gute Chance, gemeinsam zu einem guten Ergebnis zu kommen.

2. Der Gesprächsaufbau

Ein Kritik-Gespräch sollten Sie detailliert vorbereiten. Eventuell schreiben Sie sich sogar auf, was Sie sagen wollen. Selbst wenn Sie diese Notizen nicht mit in das Gespräch nehmen, haben Sie durch das Aufschreiben für sich besser abgespeichert, was Sie sagen wollen. Kennen Sie den Einkaufszettel-Effekt? Sie schreiben in einer Liste auf, was Sie heute einkaufen wollen. Dann vergessen Sie diese Liste leider zu Hause. Im Supermarkt können Sie sich an die meisten Dinge erinnern, die Sie aufgeschrieben haben. Diesen Effekt können Sie auch für Ihre Gespräche nutzen.

Beim Gesprächsaufbau beachten Sie folgende Punkte:

- Wo soll das Gespräch stattfinden?

Überlegen Sie sich einen guten Ort, an dem Sie das Gespräch führen wollen. Wichtig ist, dass Sie dabei ungestört sind und andere Menschen nicht mitbekommen können, was zwischen Ihnen und der zu kritisierenden Person gesagt wird. Es kommt darauf an, dass Sie einen möglichst neutralen Ort wählen, den Sie und Ihr Gegenüber jederzeit verlassen können.

Am Arbeitsplatz wäre Ihr Büro zum Beispiel eher ungeeignet. Andere aus Ihrem Kollegenkreis könnten plötzlich dazu kommen und Sie müssten dann das Gespräch unterbrechen. Deshalb wählen Sie lieber andere Orte aus, zum Beispiel ein Besprechungszimmer.

Im Privaten führen Sie mit Freunden ein Kritik-Gespräch eher in einem Lokal, das Sie und Ihr Gegenüber jederzeit verlassen können. In einer ungestörten Ecke bekommt dann auch keiner der anderen Gäste mit, was Sie sich zu sagen haben.

In der Familie könnte so ein Ort zum Beispiel die Küche sein. Diesen Raum kann auch jeder verlassen, wenn das Gespräch aus dem Ruder läuft.

- Was genau wollen Sie kritisieren?

Überlegen Sie sich konkret, um welchen Kritikpunkt es Ihnen geht. Verzichten Sie auf ‚Rundumschläge‘ nach dem Motto: Was ich dir immer schon mal sagen wollte. Bedenken Sie, dass Ihr Gegenüber nicht mehr als einen Kritikpunkt vertragen kann und somit auch bestenfalls nur eine Kritik annehmen kann.

Verallgemeinerungen sollten Sie ebenfalls sein lassen: „Nie kommst du pünktlich zu unseren Verabredungen.“ Beziehen Sie Ihre Kritik immer auf eine konkrete Situation: „Gestern musste ich vor dem Kino zehn Minuten warten.“

Die Kunst besteht beim Kritik-Gespräch darin, eine Sache zu kritisieren – und kein Verhalten von anderen Personen. Im Beispiel geht es um die Sache ‚warten‘

und nicht um das Verhalten ‚zu spät kommen'. Wenn Sie eine Sache kritisieren, sind Sie auf der Sachebene. Wenn Sie Verhalten von anderen Menschen kritisieren, sind Sie auf der Beziehungsebene.

- Positiver Beginn des Gesprächs

Eröffnen Sie das Gespräch mit einer positiven Aussage. Legen Sie sich den ersten Satz genau zurecht: „Ich verabrede mich gerne mit dir. Gestern musste …"

Dieser positive Beginn sollte selbstverständlich glaubhaft sein. Wenn Sie Ihrem Gegenüber jedoch absolut nichts Positives sagen können, dann saugen Sie sich nicht irgendetwas aus den Fingern. Sie können auch so beginnen: „Danke, dass Sie sich kurz Zeit für mich nehmen."

Achten Sie darauf, dass der positive Gesprächseinstieg glaubhaft für Ihr Gegenüber ist.

- Die Ich-Botschaft

Kern des Kritik-Gespräches ist die Ich-Botschaft. Nach dem positiven Einstieg müssen Sie nun sagen, worum es Ihnen geht, was Sie stört oder worüber Sie sich ärgern.

- Die falsche Ich-Botschaft: „Ich muss dauernd auf dich warten, das ärgert mich."
-
- Die richtige Ich-Botschaft: „Ich ärgere mich, wenn ich oft warten muss."

Mit der richtigen Ich-Botschaft erreichen Sie, dass Ihr Gegenüber Ihnen zuhört und sich nicht sofort persönlich angegriffen fühlt. Sie stellen die Sache in den Mittelpunkt Ihrer Kritik.

Im nächsten Kapitel erhalten Sie detaillierte Informationen zur richtigen Ich-Botschaft und wie Sie negatives Feedback positiv formulieren können.

3. Die richtige Kommunikations-Ebene

Wie Sie schon gelesen haben, kommt es gerade im Kritik-Gespräch sehr darauf an, auf der Sachebene zu kommunizieren. Damit stellen Sie sicher, dass das Gespräch weniger emotional verläuft und Ihr Gegenüber eher einsehen kann, was geändert werden muss.

Verzichten Sie außerdem darauf, Ihre Gesprächspartner zu belehren. Die Aussage: „Können Sie mal sachlich bleiben“ ist ein wunderbarer Vorwurf für den anderen, nämlich unsachlich zu sein. Diese Aussage spielt ausschließlich auf der Beziehungsebene und führt leider zu keiner Lösung. Das gilt auch für die Aufforderung: „Bitte lass uns in einem sachlichen Ton darüber reden.“ Besser wäre: „Mit geht es um meine Wartezeit.“

4. Treffen Sie klare Vereinbarungen

Am Ende eines Kritik-Gespräches sollte möglichst immer ein Ergebnis stehen. Wenn Sie sich nun mit Ihrem Gegenüber auf etwas geeinigt haben, damit das Problem gelöst und aus der Welt geschafft wird, dann sollten Sie konkret festhalten, wie das Ergebnis aussieht.

Vor lauter Erleichterung sagen Sie: „Ich bin froh, dass wir darüber gesprochen haben.“ Dieser Satz bewirkt leider nichts. Besser ist es, wenn Sie am Ende des Kritik-Gesprächs zwei Dinge klären:

Was soll konkret geschehen, damit der Kritikpunkt aus der Welt geschaffen wird.
Wie soll gehandelt werden, wenn das Problem erneut auftaucht.

Weisen Sie Ihre Gesprächspartner deutlich darauf hin, dass Ihnen eine klare Vereinbarung wichtig ist, die auch in Zukunft bestehen soll.

Treffen Sie am Ende keine klare Vereinbarung, dann riskieren Sie, dass Sie im Kritik-Gespräch zwar die Zustimmung Ihres Gegenübers erhalten: „Ja, ich werde mich bessern und in Zukunft pünktlich sein.“ Das geht dann vielleicht bei den nächsten beiden Verabredungen gut. Spätesten beim dritten Mal müssen Sie dann wieder warten. Eine klare Vereinbarung wäre hier zum Beispiel, dass Sie mit Ihrem Gegenüber klären, wie lange Sie bereit sind zu warten und wie Sie sich verhalten, wenn dieses Zeitfenster überschritten wird. „Ich bin bereit, fünf Minuten auf dich zu warten. Sollte ich dann nichts von dir hören, gehe ich davon aus, dass du nicht kommst.“

Damit verschaffen Sie sich Handlungsspielraum, wenn das Problem erneut auftritt.

5. Positiver Abschluss des Gesprächs

Unabhängig davon, was Sie im Kritik-Gespräch erreicht haben, beenden Sie es in jedem Fall positiv. Wenn Sie den Konflikt mit Ihrem Gegenüber klären konnten, dann können Sie Ihrer Erleichterung freien Lauf lassen. Nachdem Sie nun eine klare Vereinbarung getroffen haben, beenden Sie das Gespräch: „Danke für dein Verständnis. Ich bin sehr froh, dass wir jetzt eine gute Lösung gefunden haben.“

Auch wenn Sie den Konflikt nicht klären konnten, sollten Sie das Gespräch positiv abschließen: „Danke, dass du mir zugehört hast und ich meinen Ärger loswerden konnte.“

Bitte beachten Sie außerdem:

Sollte Ihr Gegenüber die Kritik nicht annehmen, vermeiden Sie, andere Personen wie Kollegen oder Freunde mit ins Boot zu holen: „Peter und Stefan haben sich auch schon beklagt, dass du immer zu spät kommst.“ In diesem Fall verliert Ihr Gegenüber sein Gesicht vor den Freunden, was zur weiteren Eskalation führen kann.

Nimmt Ihr Gegenüber die Kritik sofort an und zeigt sich bereit, den Konflikt zu lösen, dann vermeiden Sie, weitere Kritikpunkte anzubringen: „Und was mich übrigens auch noch stört …“ Denken Sie daran, dass niemand mehr als einen Kritikpunkt vertragen kann.

Es ist ein langer Weg, so abgeklärt und reflektiert in eine für Sie unsichere Situation gehen zu können. Sie werden sehen: Übung macht hier tatsächlich den Meister. Gerade diese schwierigen Gespräche werden Sie leichter und bessern führen, je öfter Sie es tun. Fazit: Warten Sie nicht ab, sondern handeln Sie im Konflikt.

Auf den Punkt gebracht: Umgang mit Konflikten

1. Merke frühzeitig, dass ein Konflikt vorliegt

Kleine Konflikte lassen sich schnell und leicht lösen. Je länger Sie warten, desto größer wird der Konflikt und je mehr Energie und Aufwand kostet Sie die Lösung. Lassen Sie Konflikte nicht schwelen.

2. Analysieren Sie den Konflikt

Welche der drei Konfliktebenen sind betroffen:

- Intrapersonaler Konflikt (entscheiden Sie sich, was Sie wollen)
- Interpersonaler Konflikt (führen Sie ein Kritik-Gespräch)
- Organisatorischer Konflikt (verbessern Sie die mangelhafte Organisation)

3. Konflikte mit dem Verursachen austragen

Konflikte lösen Sie nur, wenn Sie mit den daran Beteiligten das Problem klären.

4. Vorbereitung auf das Gespräch

Führen Sie Kritik-Gespräche niemals ‚aus dem Bauch‘ heraus, sondern bereiten Sie sich gut darauf vor.

5. Senden Sie Ich-Botschaften

Stellen Sie über die Ich-Botschaft den Sachverhalt in den Mittelpunkt. Kritisieren Sie die Sache und nicht das Verhalten Ihres Gegenübers.

6. Hören Sie gut zu

Beim Kritik-Gespräch kommt es wesentlich darauf an mitzubekommen, was Ihr Gegenüber sagt. Hören Sie aktiv zu und spiegeln Sie über die Paraphrase, was Sie verstanden haben.

7. Überdenken Sie Ihren Anspruch an Beziehungen zu anderen Menschen

Sie können nicht mit allen Menschen um Sie herum ‚gut Freund' sein. Es wird immer Personen geben, mit denen Sie nicht so gut auskommen oder die Ihnen unsympathisch sind. Verzichten Sie auf häufige Kontakte mit diesen Menschen, damit vermeiden Sie Konflikte für sich.

KAPITEL 8: DIE ICH-BOTSCHAFT UND IHRE WIRKUNG

Gelungenes Feedback statt Holzhammer-Methode

Im vorherigen Kapitel haben Sie gelesen, welchen Stellenwert die Ich-Botschaft beim Kritik-Gespräch hat. Es ist nie ganz einfach, einer anderen Person zu sagen, was nicht in Ordnung ist. Deshalb ist die Ich-Botschaft ein gutes Transportmittel, unangenehme Botschaften für das Gegenüber verträglich rüberzubringen.

Eine Ich-Botschaft gibt Auskunft darüber, wie es Ihnen in einer Situation oder bei einem Verhalten des Gegenübers geht und was Sie dabei empfinden. Sie besteht aus zwei Teilen:

- Teil 1: Wie sieht es in mir aus, wenn ...
- Teil 2: ... diese Sache passiert.

Nehmen wir dazu noch einmal das Beispiel des Zuspätkommens aus dem vorherigen Kapitel:

- Teil 1: „Ich ärgere mich, wenn ...
- Teil 2: ... ich – so wie gestern – vor dem Kino zehn Minuten warten muss."

Im ersten Teil informieren Sie Ihre Gesprächspartner darüber, was sie oder ihr Verhalten mit Ihnen macht. Im zweiten Teil beschreiben Sie den Sachverhalt – und nicht das Verhalten der anderen Person.

Eine schlechte Ich-Botschaft wäre dementsprechend: „Ich ärgere mich, wenn du mich vor dem Kino so lange warten lässt – so wie gestern mal wieder." In dieser Formulierung stellen Sie im zweiten Teil mit dem ‚du' den Empfänger oder die

Empfängerin dieses Feedbacks in den Mittelpunkt – und somit das Verhalten. Die Kunst der Ich-Botschaft besteht darin, die Sache zu beschreiben. Damit bleiben Sie bei sich und die andere Person hat jetzt genügend Spielraum, den Fehler oder das falsche Verhalten zuzugeben oder zu erklären.

Bei der positiven Ich-Botschaft antwortet Ihr Gegenüber zum Beispiel: „Ja, ich weiß. Mein Chef hat mich aufgehalten und ich hätte dich anrufen sollen, damit du Bescheid weißt."

Bei der negativen Ich-Botschaft riskieren Sie folgende Antwort: „Das ist ja wohl nicht so schlimm, wenn du mal ein bisschen warten musst. Mach mal aus der Mücke keinen Elefanten."

Und Sie wissen es längst: mit der positiven Ich-Botschaft sind Sie auf der Sachebene, mit der negativen Ich-Botschaft findet der Dialog auf der Beziehungsebene statt.

Dazu eine Gegenüberstellung

Ich-Botschaften	**Du-Botschaften**
… haben einen hohen Anteil an Selbstoffenbarung: Ich spreche über **mich**	… haben einen hohen Beziehungsanteil: Ich spreche über **dich**
Ich bewerte mich	Ich bewerte den anderen
Der andere kann sich angesprochen fühlen, ohne sich verteidigen zu müssen	Der andere fühlt sich angegriffen und wird sich verteidigen
… führen oft zu Ich-Botschaften beim Gegenüber	… führen zu Schuldzuweisungen anstatt zu Problemlösungen

Dazu einige Beispiele für den ersten Teil der Ich-Botschaft:

- „Ich bin verletzt, wenn …" ist besser als: „Du hast mich beleidigt."
- „Ich bin ungeduldig …" ist besser als: „Du brauchst ja ewig, bis du fertig bist."
- „Ich habe dich nicht verstanden …" ist besser als: „Du sprichst so undeutlich."

Gelungene Ich-Botschaften

Am Arbeitsplatz hat Ihr Kollege ein neues Smartphone, das mit einem nervigen Ton jede WhatsApp, Instagram-Neuheit, SMS usw. ankündigt. Sie haben das Gefühl, dass es den ganzen Tag nur noch piept und brummt. Aus dem Bauch heraus würden Sie am liebsten sagen: „Dein Handy nervt. Das geht mir echt auf den Geist."

Mit einer Ich-Botschaft reagieren Sie souverän: „Ich kann mich leider nur schlecht konzentrieren, wenn es hier piept und brummt. Was sagst du dazu?" Damit geben Sie Ihrem Kollegen die Möglichkeit, ohne Gesichtsverlust sein Handy auf lautlos zu stellen.

Sie stehen mit einer Kollegin auf dem Flur vor Ihrem Büro und unterhalten sich. Der sehr neugierige Praktikant vom Büro nebenan sieht das und kommt direkt zu Ihnen beiden, stellt sich dazu und hört sich an, was Sie sich so erzählen. Nachdem Sie das Gespräch mit Ihrer Kollegin beendet haben, wenden Sie sich an den Praktikanten: „Herr Färber, für mich war es gerade sehr unangenehm, dass ich das vertrauliche Gespräch mit meiner Kollegin abbrechen musste. Wie sehen Sie das?" Wahrscheinlich bemerkt der Praktikant überhaupt nicht, wann er anderen Menschen zu nahe tritt. Mit Ihrem Feedback eröffnen Sie nun die Möglichkeit, mit ihm darüber ruhig und sachlich sprechen zu können.

In Ihrer Familie ärgern Sie sich darüber, dass der Küchenplan von den Familienmitgliedern nicht eingehalten wird, obwohl sie ihn gemeinsam verabredet haben.

Die Spülmaschine wird nicht angestellt und anschließend ausgeräumt, der Müll ist immer noch in der Küche statt in der Tonne. Am Abend, wenn alle zusammen sind, machen Sie Ihrem Ärger Luft: „Ich finde es sehr schade, dass unser Küchenplan nicht eingehalten wird. Wir haben ihn doch gemeinsam festgelegt. Was meint ihr dazu?“ Nun werden Sie sicher viele Ausreden zu hören bekommen, warum der Plan von wem nicht eingehalten wird. Sie halten Ihre Vorwürfe zurück und stellen die Lösung in den Mittelpunkt: „Wie wollen wir jetzt weiter verfahren. Wie soll das mit der Küche künftig laufen? Was habt ihr für Vorschläge?“

Gerade in solchen Situationen kommt es entscheidend darauf an, dass die Vorschläge nicht von Ihnen kommen, sondern von denen, die sie möglichst umsetzen sollen. So vermeiden Sie Bevormundung und geben den anderen in der Familie ein Gefühl von Wertschätzung.

Ihr Vorgesetzter reagiert in Ausnahme-Situationen cholerisch und fängt an zu schreien. Gestern standen Sie mit einer Kollegin in Ihrem Büro und haben einen Vorgang besprochen. Ihr Vorgesetzter kam dazu und hat Sie angeschrien: „Haben Sie hier nichts zu tun, Herr Berger? Sie stehen hier herum und halten Schwätzchen. So viel Zeit möchte ich auch mal haben.“ Damit dreht er sich um und geht.

Sie ärgern sich den Rest des Tages über dieses unprofessionelle Verhalten Ihres Vorgesetzten und beschließen, ihn am nächsten Tag darauf anzusprechen. Sie wissen, dass Ihr Vorgesetzter dann wieder normal ‚tickt‘. Also gehen Sie am nächsten Morgen auf ihn zu: „Herr Winter, ich möchte gerne noch einmal auf die Situation von gestern Mittag zurückkommen. Für mich war es äußerst unangenehm, wie ich vor Frau Sommer angeschrien worden bin.“

Bestenfalls reagiert Ihr Vorgesetzter positiv: „Ja, Herr Berger, ich weiß. Ich war gestern sehr im Stress. Bitte entschuldigen Sie.“

Es kann genauso gut sein, dass Ihr Vorgesetzter ganz anders reagiert: „Herr Berger, nun stellen Sie sich mal nicht so an. Das war doch nicht so ernst gemeint. Ich denke, damit werden Sie ja wohl umgehen können.“

Sie kennen Ihren Vorgesetzten und wissen, wie er auf Ihre Ich-Botschaft reagieren wird. Wenn Sie die Reaktion – wie im zweiten Fall beschrieben – für realistisch halten, könnten Sie jetzt denken: „Dann lass ich das mit der Ich-Botschaft doch gleich sein, bringt doch nichts." Doch, es bringt etwas, wenn Sie Ihren Vorgesetzten trotzdem ansprechen. Sie haben

- Ihrem Ärger Luft verschafft und
- Ihrem Vorgesetzten ein Feedback zu seinem Verhalten gegeben.

In manchen schwierigen Situationen ist dies die einzige Möglichkeit, auf einen Konflikt zu reagieren. Er lässt sich nicht beseitigen – Sie müssen allerdings auch nicht alles hinunterschlucken. Mit einer souveränen Reaktion über die Ich-Botschaft haben Sie auch hier die Chance zu sagen, was für Sie nicht in Ordnung ist.

Manchmal verpassen wir den richtigen Zeitpunkt für das Feedback. Wir haben die Situation hingenommen und nichts gesagt. Trotzdem rumort es in unserem Inneren, wir denken immer noch über die Sache nach, die für uns ganz und gar nicht in Ordnung war. Sie haben jederzeit das Recht, auch auf vergangene Situationen zu reagieren: „Herr Winter, ich möchte mit Ihnen noch einmal über die Situation von letztem Freitag sprechen. Für mich war es äußerst unangenehm, wie ich vor Frau Sommer angeschrien worden bin."

Wenn Sie feststellen, dass bestimmte negative Erlebnisse weiterhin an Ihnen nagen, können Sie auch im Nachhinein die betroffenen Personen dazu ansprechen.

KAPITEL 9: GEKONNT ‚NEIN' SAGEN

Mehr Mut zum ‚Nein' sagen

Oft fällt es uns schwer, ‚Nein' zu sagen. Das hat unterschiedliche Gründe: Einerseits haben wir gelernt, bescheiden und anpassungsfähig zu sein. Andererseits haben wir bestimmte Ängste, etwas zu verlieren – den Job, Kunden, Freunde usw. Allerdings führt ‚Ja' sagen leider dazu, dass wir Zeit mit Dingen verbringen, die wir überhaupt nicht wollen:

- Am Arbeitsplatz bearbeiten Sie aus Gefälligkeit Aufgaben für den Kollegenkreis, wofür Sie jedoch gar nicht zuständig sind.
- Im Freundeskreis kümmern Sie sich um Sachen, weil es sonst niemand tut.
- In der Familie erledigen Sie Dinge, weil sie sonst liegen bleiben.

Dies sind nur einige Beispiele. Es ist jedoch so, dass die Gleichung *‚Ja' sagen bedeutet: Alles ist gut* und *‚Nein' sagen bedeutet Verlust*, nicht aufgeht. Am Ende werden diejenigen von uns belohnt, die sich abgrenzen konnten und ihre eigenen Ziele erreicht haben. Die Kunst besteht darin, die eigenen Grenzen zu kennen und diese angemessen zu kommunizieren. Wenn Sie nur Ihr Fähnchen nach dem Wind drehen, dann werden Sie von Ihrem Umfeld irgendwann nicht mehr ernst genommen.

Vielleicht kennen Sie sogar solche Menschen. Es sind diejenigen, die zu allem ‚Ja' sagen, alles mitmachen, es allen und jedem recht machen wollen. Nur leider sind diese Menschen eben nicht diejenigen, mit denen alle am liebsten zusammen sind. Oftmals wird sogar über diese Personen gelästert:

- „Wenn ich was brauche, gehe ich zu Manuel. Das mache ich doch nicht selbst. Der kümmert sich immer darum. Wahrscheinlich macht ihm das sogar noch Spaß."

- „Sofie weiß auch nicht, was sie will. Die kümmert sich um alles und jeden. Aber mit ihren eigenen Aufgaben wird sie nicht fertig."

Hilfsbereitschaft ist ein wesentlicher Bestandteil des guten Miteinanders. Allerdings sollten Sie aufpassen, wann Hilfsbereitschaft endet und das Ausnutzen beginnt.

Beschäftigen Sie sich eingehend mit Ihren Wünschen und Bedürfnissen. Überlegen Sie genau, was Sie wollen – und was nicht. Achten Sie einmal darauf, wie viel Zeit und sogar Energie Sie für Dinge investieren, die mit Ihren Wünschen und Bedürfnissen überhaupt nichts zu tun haben.

Selbstverständlich fühlen wir uns geschmeichelt und wertgeschätzt, wenn andere Menschen uns das Gefühl geben, dass sie uns brauchen oder nur wir in der Lage sind, Dinge gut zu erledigen. Aber Achtung: Vielleicht steckt auch bewusste negative Manipulation dahinter: „Also, Sven, wenn du dich um die Präsentation für den Kunden kümmerst, dann können wir alle sicher sein, dass die Informationen verständlich und klar rüberkommen." Ein schönes Kompliment. Schwierig wird es, wenn dieses Kompliment nicht ehrlich gemeint ist, sondern bewirken soll, dass Sven sich die Präsentation kümmert – und die anderen Kollegen sich nicht damit belasten müssen. Hier wird das vordergründige Kompliment zur hintergründigen Negativmanipulation. In der Realität merkt Sven irgendwann, dass nur er derjenige ist, der die Präsentationen erstellt und die anderen Kollegen sich so erfolgreich darum herumdrücken. Dann wird er hoffentlich bemerken, was seine vermeintlich lieben Kollegen mit ihm machen und anfangen ‚Nein' zu sagen.

Schauen wir uns dazu noch weitere Beispiele an:

Eine Freundin ruft Sie nachmittags an Ihrem Arbeitsplatz an und fragt: „Willst du heute Abend mitkommen ins Theater? Ich habe zwei Karten für die Vorstellung. Und wir haben schon so lange nichts mehr zusammen gemacht. Das wäre doch toll, oder?" Sie wünschen sich nichts lieber, als nach diesem anstrengenden

Arbeitstag nur noch die Füße hochzulegen und nichts mehr zu machen. Nun haben Sie ein schlechtes Gewissen und trauen sich nicht, der Freundin ihren Wunsch abzuschlagen. Also gehen Sie mit ins Theater – und schlafen während der Vorstellung ein. Peinlich.

Ein sehr netter Kollege bittet Sie, für ihn eine Excel-Liste zu erstellen. Er hat sich bisher erfolgreich geweigert, sich mit Excel zu beschäftigen. Also ärgern Sie sich, weil Sie dazu jetzt eigentlich keine Zeit haben. Ihr Kollege schaut Sie mit Dackelblick an – und schon wird die Excel-Liste von Ihnen erstellt.

An Ihrem Arbeitsplatz haben Sie sich mit dem Kollegenkreis abgestimmt, wer wann Urlaub nimmt. Prompt kommt ein Kollege an und bittet Sie, Ihren Urlaub noch um zwei Tage zu verschieben, damit er seinen Urlaub noch etwas verlängern kann. Das ist Ihnen nicht recht und Sie wollen Ihren Urlaub so nehmen, wie es geplant und verabredet war. Dennoch lassen Sie sich überreden. Schließlich haben Sie gerade erzählt, dass Sie noch nichts fest gebucht haben.

Ein Kollege lädt Sie ein, mit ihm und seinen Sportkumpels abends noch durch die Kneipen zu ziehen. Gerade die Sportkumpels Ihres Kollegen sind Ihnen sehr unsympathisch und Sie machen am liebsten einen großen Bogen um diese Leute. Ihr Kollege lässt nicht locker: „Die Jungs sind alle gut drauf. Komm mit, das wird ein toller Abend. Meine Kumpels finden das toll, wenn du dabei bist.“ Was sollen Sie jetzt noch sagen? Also gehen Sie mit. Es kommt, wie es kommen musste: Die Sportkumpels schlagen über die Stränge. Wären Sie doch bloß zu Hause geblieben.

Warum wir lieber ‚Ja‘ sagen

Wie Sie gerade gelesen haben, gibt es viele Situationen, in denen wir gerne ‚Nein‘ sagen würden – und es nicht tun. Warum ist das so? Der Grund dafür sind Bedenken oder sogar Ängste.

1. Angst vor Ablehnung

Wir befürchten, dass wir andere Menschen verärgern. Andere finden uns damit nicht mehr so sympathisch und laden uns nicht mehr zu Gemeinsamkeiten ein. Am Arbeitsplatz befürchten wir, vom Kollegenkreis ausgegrenzt zu werden.

Führt Ihr ‚Nein' zu solchen Ergebnissen, sollten Sie sich fragen, wie wichtig Ihnen diese Freunde oder Kollegen sind, die Ihr ‚Nein' zum Anlass nehmen, Sie als Menschen abzulehnen.

2. Angst, andere Menschen zu enttäuschen

Sie sind davon überzeugt, dass sich Ihre Kollegen darauf verlassen, dass Sie sich um bestimmte Dinge kümmern – zum Beispiel sorgen Sie für Ordnung und Sauberkeit in der gemeinsam genutzten Teeküche. Wenn Sie einmal nicht dazu kommen, sind Ihre Kollegen enttäuscht: „Da sind gar keine sauberen Kaffeebecher mehr im Schrank." Sie hätten besser rechtzeitig darauf hingewiesen, dass Sie nicht mehr die Küchenfee für alle sein wollen.

3. Angst, nicht nett zu sein

Was denken die anderen von mir, wenn ich etwas ablehne? Kennen Sie solche Gedanken? Ist es Ihnen wichtig, dass andere Menschen Sie nett finden? Der ehemalige bayerische Ministerpräsident Franz-Josef Strauß soll gesagt haben: „Everybody's Darling is everybody's Depp." Darin steckt viel Wahrheit. Wenn Sie sich davon abhängig machen, dass andere Menschen Sie immer nett finden sollen, können Sie dem nie gerecht werden. Seien Sie am besten immer nett zu sich selbst.

4. Angst vor Konflikten

Sie befürchten eine Auseinandersetzung, wenn Sie Tätigkeiten ablehnen. Häufig ist der Grund dafür fehlende Klarheit, was genau am Arbeitsplatz, in der Familie, im Verein oder wo auch immer zu Ihren tatsächlichen Tätigkeiten gehört. Klären Sie diese Fragen, dann können Sie Konflikte von vornherein vermeiden. Je klarer Ihre Vorstellung von Ihren Tätigkeiten ist, desto klarer können Sie sich abgrenzen. Wenn Sie zum Beispiel im Verein bei Versammlungen das Protokoll führen, dann klären Sie, dass Sie nur dafür verantwortlich sind. Um die Einladungen und um die Sitzungsorganisation müssen sich andere Vereinsmitglieder kümmern.

Die innere Einstellung

Weitere Gründe, warum wir lieber ‚Ja' als ‚Nein' sagen, sind unsere inneren Einstellungen zu uns selbst. Das führt zu folgenden Annahmen:

1. Ich kann es gut – richtig – schnell

Wenn Sie die Aufgabe erledigen – anstelle Ihrer Kollegen –, dann können Sie sicher sein, dass es auch richtig gemacht wird. Außerdem wissen Sie, wie es geht und sind schnell damit fertig. Bis Sie anderen Personen diese Aufgabe erklärt haben, haben Sie sie längst bearbeitet.

Solche Gedanken und Glaubenssätze halten Sie davon ab, zu solchen Aufgaben ‚Nein' zu sagen:

- Wenn ich mich um die Blumen kümmere, dann blühen und gedeihen sie auch.
- Wenn ich die Bestellung schreibe, dann wird auch nichts vergessen.
- Wenn ich die Präsentation erstelle, dann stimmt sie wenigstens.

In diesen Situationen sind wir selbst dafür verantwortlich, wenn uns die Zeit für die Dinge fehlt, die uns viel mehr Spaß machen würden oder die bei unserer Arbeit viel ergebnisorientierter wären.

2. Ich möchte kollegial und kooperativ sein

Sie sind in der Familie, im Freundeskreis und auch am Arbeitsplatz mit Menschen umgeben, die Ihnen einen Gefallen tun. Wenn diese Personen nun zu Ihnen kommen und einen Gefallen von Ihnen erbitten, dann handeln Sie kooperativ und kollegial, wenn Sie die Wünsche erfüllen.

Leider werden diese Gefälligkeiten schon mal zur Einbahnstraße: Sie handeln aus Ihrer Sicht immer kollegial und kooperativ. Doch wenn Sie von denjenigen Personen eine Gegenleistung einfordern, dann heißt es schnell: „Das würde ich ja wirklich sehr gerne für dich tun, nur heute geht es leider überhaupt nicht." Das Dumme daran ist, dass Sie diese Ausrede jedes Mal zu hören bekommen.

Das nächste Mal sollten Sie sich von Ihrer Gefälligkeit verabschieden und auch ‚Nein' sagen.

3. Ich möchte in Harmonie mit anderen Menschen leben

Welchen Preis zahlen Sie, wenn es mit anderen Menschen keine Konflikte gibt? Sie riskieren eine Menge, wenn Sie Konflikte auf Teufel komm raus vermeiden wollen. Irgendwann haben Sie dann den größten Konflikt und die größte Disharmonie mit sich selbst.

Sie sind im Freundeskreis immer derjenige, der zu allen Kompromissen bereit ist. Nie kommen Sie auf die Idee, Ihre Wünsche durchzusetzen, es könnte ja zum Streit kommen. Es wird über kurz oder lang bei Ihnen zum Frust führen, wenn Sie Ihre Bedürfnisse immer in den Hintergrund stellen. Ihre Freunde wollen zum Essen immer nur ins Steakhaus oder in ein Grill-Restaurant gehen. Sie würden sehr gerne einmal mit allen in ein Restaurant mit arabischer Küche gehen. Das wird von Ihren Freunden jedoch strikt abgelehnt.

Durchbrechen Sie dieses Harmoniebedürfnis und verabreden Sie sich mit anderen Bekannten, Freunden, Nachbarn oder Kolleginnen – und gehen Sie mit denen in das Restaurant mit arabischer Küche. Sagen Sie ‚Nein' zu den Steak-Liebhabern.

Das ‚Nein'-Sagen gelingt manchmal gut und manchmal überhaupt nicht. Das liegt vielleicht auch daran, dass Sie sich überrumpelt fühlen und Ihnen die Zeit zum Nachdenken fehlt. Es gibt Menschen und Situationen, da fällt es uns leicht, etwas abzulehnen. Und bei anderen Menschen tun wir uns schwer. Doch es bleibt dabei: Sie müssen sich entscheiden, was Sie wollen und wo Sie Ihre Grenzen setzen. Damit schaffen Sie für sich die Basis zum gekonnten ‚Nein'-Sagen. Und wie Sie am besten die Botschaft senden, das lesen Sie im nächsten Abschnitt.

Angemessene ‚Nein'-Botschaften

Wenn Sie nicht ‚Ja' sagen wollen, sollten Sie deutlich ‚Nein' sagen. Die Frage dabei ist, wie Sie diese Ablehnung so formulieren, dass Ihr Gegenüber damit einverstanden ist und das ‚Nein' auch annehmen kann. Deshalb erhalten Sie sechs Varianten aufgezeigt, wie Sie Ihre ‚Nein'-Botschaft formulieren können:

1. Das „Angebots-Nein"

Sie möchten eine Sache nicht komplett ablehnen, sondern sich lieber zu einem späteren Zeitpunkt damit beschäftigen.

Eine Kollegin kommt auf Sie zu und bittet Sie um Unterstützung bei einer schwierigen Aufgabe. Sie kennen die Lösung, haben im Moment allerdings genug eigene Arbeiten zu erledigen. Das Angebots-Nein lautet: „Emma, ich kann dich gerne heute Nachmittag dabei unterstützen. Ich melde mich nach der Mittagspause bei dir, wenn ich Zeit dafür habe."

Jetzt haben Sie Ihre Unterstützung nicht abgelehnt, sondern ein Angebot an die Kollegin gemacht, wann Sie ihr helfen können.

Der Trick dabei ist, dass Sie noch nicht einmal ‚Nein' gesagt haben. Sie haben Ihre Ablehnung absolut positiv formuliert, indem Sie in den Mittelpunkt gestellt haben, was Ihnen möglich ist.

Schlecht formuliert sind Angebote, die wir erst rechtfertigen: „Du, Emma, ich würde dich ja gerne unterstützen. Aber ich habe jetzt noch so viel zu tun. Das geht jetzt leider überhaupt nicht. Aber heute Nachmittag wäre es möglich. Da kann ich dir helfen.“ Die negativen Aussagen zu Beginn dieser Botschaft überlagern das positive Angebot am Schluss der Formulierung.

Achten Sie darauf, dass Sie immer sagen, was geht – und nicht, was nicht geht.

Nehmen wir dazu das Beispiel der Freundin und der Einladung ins Theater. Hier könnten Sie das Angebots-Nein anwenden und sagen: „Ich würde sehr gerne am Wochenende mit dir ins Theater gehen. Heute bin ich müde und geschafft.“

Bei einem anderen Beispiel ging es um die Protokollführung im Verein. Wenn Sie jetzt gebeten werden, auch noch die Einladungen und die Sitzungsorganisation zu übernehmen, dann können Sie dies ebenfalls mit einem Angebots-Nein ablehnen: „Ich habe euch versprochen, dass ich die Protokollführung übernehme. Gerne sorge ich dafür, dass ihr die auch schnell nach der Versammlung bekommt. Alles andere organisiert bitte untereinander.“

2. Das ‚Vorab-Nein‘

Bei dieser Form des ‚Nein‘-Sagens gehen Sie vorab auf Ihre Gesprächspartner zu und kündigen Sie an, was Sie in Zukunft an Aufgaben erledigen und was Ihnen nicht mehr möglich ist.

Sie haben sich irgendwann einmal bereit erklärt, die Reisekostenabrechnung für einen netten Kollegen im Außendienst zu übernehmen. Nun habe Sie jedoch neue Aufgaben hinzubekommen, sodass Sie keine Zeit mehr für diese Gefälligkeit haben. Deshalb sprechen Sie den Kollegen im Außendienst an: „Herr Schäfer, bisher habe ich monatlich Ihre Reisekostenabrechnung erstellt. Das war für mich auch in Ordnung und ich habe das gerne getan. Nun habe ich allerdings einige neue Aufgaben von meinem Chef übertragen bekommen und deshalb keine Zeit mehr für Ihre Abrechnung. Gerne können wir die Abrechnung im nächsten

Monat gemeinsam erstellen, ich habe Ihnen auch eine Vorlage vorbereitet, aus der Sie die Einzelheiten entnehmen können. Danke für Ihr Verständnis."

Bei dem Vorab-Nein kommt es auf zwei Punkte an:

- Geben Sie rechtzeitig bekannt, dass Sie etwas nicht mehr tun werden
- Unterstützen Sie die Betroffenen bei der Suche nach neuen Lösungen

Dieses Vorab-Nein können wir auch beim Beispiel der Teeküche anwenden: „Ich habe bisher immer unsere Teeküche in Ordnung gehalten. In Zukunft kann ich nur noch für die Nachbestellung für die Getränke sorgen. Um das Geschirr müsst ihr euch jetzt bitte selbst kümmern. Wir können gerne einen Küchenplan erstellen, wer wann was zu erledigen hat."

Auch hier gilt: rechtzeitig und unterstützend agieren.

3. Das ‚Lösungs-Nein'

Hintergrund für das Lösungs-Nein ist die Tatsache, dass jemand seine eigene Bequemlichkeit auf Ihren Schultern ablädt. Sie kennen bestimmt solche Sätze wie:

- „Der Kaffee ist alle."
- „Der Drucker funktioniert nicht."
- „Der Wasserhahn tropft."
- „Da ist kein Papier mehr im Kopierer."

All dies sind Aussagen, die Sie zu einer bestimmten Handlung animieren sollen. Ihr erster Gedanke ist: Warum machen die das nicht selber? Wenn jetzt Ihr Helfersyndrom anspringt, dann besorgen Sie neuen Kaffee, reparieren den Drucker und den Wasserhahn und füllen im Kopierer das Papier nach.

Wenn Sie das alles aber nicht mehr möchten, weil Sie den Eindruck haben, dass andere lediglich zu bequem sind, dann ist die Zeit für das Lösungs-Nein gekommen:

„Ja, und der Nachfüllkaffee steht im Küchenschrank."
„Ja, und was willst du mir damit sagen?" (Drucker)
„Ja, und was machst du jetzt mit dem Wasserhahn?"
„Ja, und das Papier liegt im Regal daneben."

Bei diesen Beispielen sagen Sie nicht „Nein". Sie fokussieren in Ihrer Antwort die Lösung des Problems und achten darauf, keine Belehrungen oder Ratschläge zu erteilen. Wenn Sie nämlich antworten: „Dann mach doch neuen Kaffee, du weißt doch, wo der steht" – dann belehren Sie die andere Person und sind sofort auf der Beziehungsebene. Mit Ihrer „Ja, und …"-Antwort stellen Sie den Kaffee in den Mittelpunkt – und damit die Sachebene.

Auf die Bitte Ihres Kollegen, ihm die Excel-Liste zu erstellen, können Sie so reagieren: „Im Intranet haben wir ein sehr gutes Video zur Anwendung des Excel-Programms."

Übrigens: Wenn es Ihnen mit der Bequemlichkeit anderer Menschen zu viel wird, dann können Sie schlagfertig auch nur mit „Schade" antworten. Der Dialog geht dann so: „Das Klopapier ist alle." Ihre Antwort: „Schade".

4. Die ‚Vielleicht-Botschaft'

Manchmal können oder wollen wir uns nicht sofort entscheiden, ob wir etwas tun – oder auch nicht tun. Oder wir werden von einem Anliegen überrascht und brauchen Zeit, darüber nachzudenken. Dafür eignet sich die ‚Vielleicht-Botschaft'.

Ein Freund bittet Sie, ihn bei seiner Studienarbeit zu unterstützen. Er möchte von Ihnen, dass Sie sich den 50-Seiten-Text durchlesen und auf Schreibfehler und Verständlichkeit überprüfen. Sie sind sich nicht ganz sicher, ob Sie dafür überhaupt Zeit haben und wie lange es dauern wird, bis Sie alles gelesen haben. Deshalb antworten Sie: „Ich schaue mir deine Studienarbeit gerne an und prüfe erst einmal, um welchen Umfang es sich handelt. Erst dann kann ich dir sagen, ob ich dich da unterstützen kann." Damit haben Sie weder zugesagt noch abgelehnt und sich selbst einen Spielraum verschafft, in dem Sie eine gute Entscheidung treffen können.

Bei dem Beispiel mit dem Urlaub, den der Kollege auf Ihre Kosten um einige Tage verlängern möchte, können Sie ebenfalls mit der Vielleicht-Botschaft reagieren: „Ich habe zwar noch nichts fest gebucht. Doch ich muss das erst mit meiner Partnerin besprechen, ob das für uns möglich ist. Ich sage dir bis Ende der Woche Bescheid."

Manchmal kann es ganz hilfreich sein, sich erst einmal etwas Luft zu verschaffen und sich nicht sofort festlegen zu müssen.

5. Das ‚Nein plus Alternative'

Dies ist ebenfalls eine Variante des ‚Nein'-Sagens, mit der Sie – ähnlich wie beim ‚Angebots-Nein' – Dinge nicht ablehnen, sondern selbst den Zeitpunkt bestimmen, zu dem etwas erledigt wird.

Ihre Vorgesetzte kommt eine halbe Stunde vor Feierabend mit einer dringenden Aufgabe zu Ihnen. Sie haben jedoch noch eine Sache zu erledigen, die Sie für heute terminiert haben. Nun können Sie zwei Alternativen anbieten:

- „Frau Sommer, ich habe noch Aufgabe X auf dem Tisch, das muss heute noch an den Kunden rausgeschickt werden. Ist es für Sie in Ordnung, wenn ich Ihre Sache gleich morgen früh erledige? Sie haben es dann um 9:30 Uhr auf dem Tisch."

- „Frau Sommer, ich kann das jetzt gerne noch für Sie erledigen. Allerdings bleibt dann Aufgabe X bis morgen Vormittag liegen. Ist das in Ordnung?"

In jedem Fall trifft hier die Vorgesetzte die Entscheidung, wie die Prioritäten gesetzt werden sollen.

Diese Form des ‚Nein'-Sagens kann auch Sven bei der Präsentation für den Kunden wählen, wenn er wieder gebeten wird, die nächste Präsentation ebenfalls zu erstellen: „Ich kann euch gerne die Vorlagen für die Präsentation zur Verfügung stellen. Dann braucht ihr nur noch die entsprechenden Folien ausfüllen."

6. Ablehnen mit ‚Nein'

Die letzte Variante des ‚Nein'-Sagens beschäftigt sich mit der absoluten Ablehnung. Hier setzen Sie Ihre Grenze ganz deutlich und bieten auch keine Alternativen an. Eine gute Voraussetzung für die komplette Ablehnung schaffen Sie zum Beispiel durch das Vorab-Nein. Wenn der Kollegen im Außendienst Sie auch in den nächsten Monaten wieder bittet, seine Reisekostenabrechnung zu erstellen, können Sie dies deutlich ablehnen: „Wie ich Ihnen bereits gesagt habe, kann ich das aus zeitlichen Gründen nicht mehr machen. Bitte haben Sie dafür Verständnis – vielen Dank."

Die beiden Beispiele mit den Freunden, die mit den Sportkumpels durch die Kneipen ziehen wollen und nur zum Steak-Essen bereit sind, eignen sich auch für die komplette Ablehnung: „Nein, tut mir leid, ich möchte nicht mit euch durch die Kneipen ziehen/ins Steakhaus gehen. Bitte habt Verständnis dafür."

Nun ist es sehr wahrscheinlich, dass der Freund entgegnet: „Warum denn nicht, du bist doch sonst auch immer mitgegangen." Wenn Sie nun Ihre Gründe erläutern, dann ist zu befürchten, dass Sie sich um Kopf und Kragen reden und am Ende tatsächlich daraus ein Konflikt wird nach dem Motto: „Meine Freunde sind dir wohl nicht gut genug." Deshalb ist es manchmal besser, weniger zu sagen und einfach nur durch ein „Ich möchte das nicht" die Ablehnung zu formulieren. Hier haben wir wieder die Situation der Rechtfertigung. Der Schuss könnte für Sie nach hinten losgehen. Besser ist, Sie bitten einfach nur um Verständnis für Ihre Entscheidung.

Generell sollten Sie zwei Dinge beim ‚Nein'-Sagen beachten:

- Kein ‚Nasenfaktor'

Wenn Sie sich entschließen, anderen Personen gegenüber etwas abzulehnen, dann sollten Sie das nicht vom ‚Nasenfaktor' abhängig machen. Wenn Sie zum Beispiel an Ihrem Arbeitsplatz Grenzen ziehen wollen, dann tun Sie das konsequent. Das heißt, Sie machen Ihr ‚Nein' eben nicht davon abhängig, ob Ihnen Ihr Gegenüber sympathisch ist oder nicht. Wenn Sie diese Regeln missachten, schaffen Sie damit Unmut in Ihrem Umfeld – und das sollten Sie auf jeden Fall vermeiden.

- Kein meckern und machen

Ihre Kollegen haben sich wieder in der Teeküche mit Getränken und Essen versorgt – und anschließend nichts aufgeräumt. Nun stehen Sie in der Teeküche und beseitigen das Chaos. Wenn Sie sich jetzt bei Ihren Kollegen beschweren und darüber meckern, warum Sie das jetzt alles sauber machen und aufräumen müssen, dann werden Sie nicht ernst genommen. Meckern und machen bringt leider keine Akzeptanz. Entweder Sie entschließen sich, das Chaos der Kollegen zu beseitigen – dann lassen Sie das Meckern sein. Oder Sie entscheiden sich, dass die Kollegen aufräumen müssen – dann sagen Sie konsequent ‚Nein'.

Ihre Vorteile

Folgende Fragen sollen Sie unterstützen, dass Sie mehr Klarheit über die Situationen erhalten, in denen Sie Grenzen setzen wollen:

1. Welche konkreten Vorteile hat es für mich, wenn ich ‚Ja' sage, obwohl ich ‚Nein' meine?

Die Antworten auf diese Frage sollen Ihnen zeigen, ob ‚Ja'-Sagen für Sie tatsächlich Vorteile bringt. Oder bringt es nur Vorteile für andere Personen? Machen Sie sich klar, was es für Sie bedeutet.

2. Welche konkreten Nachteile hat ‚Ja'-Sagen für mich?

Stellen Sie den Vorteilen die Nachteile gegenüber. Was überwiegt? Beantworten Sie sich diese Frage bitte ganz ehrlich. Und wiegen diese Nachteile nicht viel schwerer als die Vorteile?

3. Was würde schlimmstenfalls passieren, wenn ich ‚Nein' sage?

Überlegen Sie ganz realistisch, zu welchen Szenarien Ihr ‚Nein' führen würde. Ist das tatsächlich für Sie schlimm – oder könnten Sie ganz gut damit umgehen?

4. Wie realistisch sind Ihre Bedenken?

Machen Sie sich klar, dass Ihre Befürchtungen viel schlimmer sind, als es am Ende für Sie wirklich kommt. Oft malen wir uns Situationen aus, die in Wirklichkeit ganz anders passieren.

5. Haben Sie in ähnlichen Situationen schon einmal ‚Nein' gesagt?

Was hatte das für Sie für Konsequenzen? War es wirklich so schlimm oder haben Sie sogar bemerkt, wie erleichtert Sie waren, als Sie eine Grenze gesetzt haben? In unserer Erinnerung speichern wir eher unangenehme als angenehme Situationen ab. Sie haben beim Eisbergmodell im ersten Kapitel darüber gelesen. Vielleicht sind die vielen kleinen Situationen, in denen Sie ‚Nein' gesagt haben, für Sie nicht mehr so präsent? Dann besinnen Sie sich darauf.

6. Was würde ich von einem Menschen denken, der in dieser Situation ‚Nein' sagt?

Würden Sie es bei Ihren Mitmenschen tolerieren und akzeptieren, wenn sie Ihnen gegenüber Grenzen setzen? Dürfen Sie diese Toleranz und Akzeptanz nicht auch von Ihrem Umfeld erwarten?

Wenn Sie nun diese Fragen abschließend für sich beantwortet haben, dann kommen Sie hoffentlich zu der Erkenntnis, dass ‚Nein' sagen für Sie ein Gewinn ist, Ihnen Achtung und Respekt von anderen Menschen einbringt – und gar nicht weh tut!

KAPITEL 10: GELUNGENE ALLTAGSRHETORIK

Formulierungen, die Kompetenz ausstrahlen

Aus Höflichkeit kombinieren wir Aussagen häufig mit sogenannten ‚Weichmachern‘. Das hat nichts mit den Weichspülern der Wäsche zu tun. Hier laufen wir Gefahr, dass unsere Worte – unsere Rhetorik – verweichlicht wird. Wir benutzen diese Weichmacher, weil wir

- anderen Menschen gegenüber nicht zu fordernd auftreten wollen,
- nicht zu forsch in unserem Auftritt wirken wollen,
- nett und zuvorkommend sein wollen.

Leider haben Weichmacher jedoch die Wirkung, dass wir mit diesen Formulierungen unsere Kompetenz untergraben und damit im Gespräch schnell den Kürzeren ziehen. Oft braucht es nur eine kleine Umstellung der Rhetorik – und schon haben Sie eine ganz andere Wirkung erzeugt:

- Negativ: „Ich würde gerne einen Kaffee trinken, wenn es dir recht ist."
- Positiv: „Ist es dir recht, wenn wir jetzt einen Kaffee trinken?"

Gerade die Konjunktive ‚möchte‘, ‚könnte‘, ‚würde‘ sind klassische Weichmacher, die unsere Aussagen schwammig erscheinen lassen.

1. Kommen Sie auf den Punkt

Reden Sie nicht ‚um den heißen Brei‘ herum. Das wirkt unsicher und wenig überzeugend auf Ihr Gegenüber.

Negative Beispiele:
- „Ich würde Sie gerne etwas fragen."
- „Darf ich Sie mal was fragen?"
- „Ich hätte da mal eine Frage."

Formulieren Sie positiv:
- „Ich habe eine Frage: Wann kommt die neue Mitarbeiterin im Verkauf?"
- „Eine Frage, Frau Sommer, wann kommt die neue Mitarbeiterin im Verkauf?"

Die Vor-Sätze ‚Ich habe eine Frage' und ‚Eine Frage, Frau Sommer' benutzen wir, um bei unserem Gegenüber Aufmerksamkeit zu erzeugen. Wenn Sie schon im Gespräch sind, dann lassen Sie diese Vor-Sätze bitte auch weg und stellen direkt Ihre Frage.

Es gibt Situationen, in denen wir etwas gefragt werden und keine exakte Antwort geben können. Dazu ein Beispiel aus einem Back-Shop: Eine Kundin möchte Roggen-Brötchen kaufen. Die sind leider ausverkauft. Deshalb sagt die Verkäuferin: „Wir haben leider keine Roggen-Brötchen mehr. Aber ich glaube, wir bekommen noch einmal welche." Daraufhin fragt die Kundin: „Glauben Sie das oder wissen Sie das?" Die Verkäuferin ist irritiert und sagt: „Ich glaube, dass heute Mittag noch einmal eine Lieferung kommt. Ich weiß aber nicht genau, wann der Wagen hier ist." Das hätte die Verkäuferin auch gleich präzise ausdrücken können: „Wir haben leider keine Roggen-Brötchen mehr. Bis zum frühen Nachmittag bekommen wir allerdings noch eine Lieferung." Jetzt hätte die Kundin zwei wichtige Informationen:

- Die Brötchen sind jetzt ausverkauft und
- bis zum Nachmittag gibt es Nachschub.

Dieses Beispiel zeigt, wie wenig präzise die Aussage ‚Ich glaube' ist. In den meisten Fällen können Sie darauf verzichten und wesentlich genauer formulieren.

Negativ:

- „Ich glaube, ich möchte das nicht."
- „Ich glaube, das geht so nicht."
- „Ich glaube, das ist so herum falsch."

Positive Formulierungen:

- „Ich möchte das nicht." Wenn Sie etwas ablehnen wollen, dann drücken Sie es auch so aus.
- „Das geht besser auf diese Weise." Stellen Sie den positiven Aspekt in den Mittelpunkt. Sagen Sie, was geht, und nicht, was nicht geht.
- „Lassen Sie es uns anders herum versuchen." Unterbreiten Sie konkrete Vorschläge und reden Sie nicht drum herum.

2. Beginnen Sie positiv

Verzichten Sie darauf, Ihre eigenen Aussagen bereits im Vorfeld ins schlechte Licht zu rücken.

Negative Beispiele:

- „Es ist wahrscheinlich keine gute Idee, aber könnte man nicht mal versuchen ..."
- „Es ist zwar nur meine Meinung, aber ..."

Formulieren Sie positiv:

- „Was halten Sie von folgendem Vorschlag?"
- „Ich bin der Meinung, dass ..."

Wir benutzen solche negativen Einleitungen, weil wir lieber zurückhaltend agieren wollen. Nur leider werden wir dann auch nicht ernst genommen. Schlimmstenfalls hört uns niemand mehr zu. Das wirklich Schlimme daran ist, dass Sie mit solchen Aussagen bei Ihrem Gegenüber negative Bilder und Vorstellungen erzeugen.

Sie haben für einen Kundenevent einen Entwurf für einen Flyer erstellt und wollen dies mit Ihrer Vorgesetzten besprechen. Sie sind sich unsicher, ob Ihnen dieser Entwurf wirklich gelungen ist und er Ihrer Vorgesetzten gefallen wird. Also präsentieren Sie den Entwurf mit folgenden Worten: „Ich bin mir nicht ganz sicher, ob der Flyer nicht zu bunt geworden ist." Nun haben Sie das Bild eines zu bunten Flyers im Kopf Ihrer Vorgesetzten erzeugt. Besser ist es, wenn Sie den Flyer positiv präsentieren: „Ich habe einen farbigen Entwurf erarbeitet und bin gespannt, wie er Ihnen gefällt." Positive Worte erzeugen positive Bilder. Wenn der Flyer Ihrer Vorgesetzten allerdings doch zu bunt ist, können Sie immer noch reagieren.

In vielen Situationen wollen wir uns ein Hintertürchen offen lassen für den Fall, dass uns etwas misslungen ist oder wir eine Aufgabe doch nicht bewältigen können. Seien Sie vorsichtig mit entsprechenden Formulierungen.

Negativ:

- „Ich kann es ja mal versuchen."
- „Das habe ich eigentlich noch nie gemacht."
- „Ich probiere das mal und schaue, wie weit ich komme."

In all diesen Fällen haben Sie bereits die Entscheidung getroffen, sich der Sache anzunehmen, um die es geht. Dann formulieren Sie Ihre Entscheidung auch positiv:

Positive Formulierungen:

- „Ich kümmere mich um diese Sache."
- „Ich übernehme diese Aufgabe."
- „Ich bearbeite das für Sie."

Selbstverständlich sind Sie nicht perfekt und es kann passieren, dass Sie an der Aufgabe scheitern. Auch das können Sie positiv darstellen.

Negativ:
„Herr Bauer, ich habe den Drucker nicht mehr zum Laufen bekommen. Den Toner habe ich ausgewechselt und den Papiereinzug habe ich überprüft. Aber trotzdem funktioniert er nicht und ich weiß nicht mehr weiter."

Positiv:
„Herr Bauer, ich habe den Drucker überprüft, indem ich den Toner ausgewechselt habe und den Papiereinzug kontrolliert habe. Trotzdem funktioniert er nicht. Haben Sie noch eine Idee, was wir tun können?"

Negativ:
„Ich habe nur drei Kundenaufträge bearbeiten können, die anderen beiden habe ich nicht mehr geschafft."

Positiv:
„Ich habe drei Kundenaufträge bearbeitet. Wir sollten noch entscheiden, wer sich um die restlichen beiden Aufträge kümmert."

Hier stellen wir uns mit unserer Ehrlichkeit selbst ein Bein. Dabei ist es viel wirkungsvoller, wenn wir positiv über unser Tun berichten.

3. Positive Abschluss-Formulierungen

Ihre Formulierungen können Sie am Ende in Zweifel ziehen – oder positiv abschließen. Ihre Entscheidung! Und das geht so:

Negative Beispiele:

- „... oder glauben Sie nicht, dass das funktioniert?"
- „Oder ist das keine gute Idee?"
- „Mehr kann ich da nicht machen."

Formulieren Sie positiv:

- „Lassen Sie uns probieren, ob es so funktioniert." Das Wort ‚probieren' drückt hier die Möglichkeit aus – und ist damit höflich.
- „Was halten Sie von der Idee?" Anstatt eigene Zweifel zu äußern, fragen Sie lieber Ihr Gegenüber.
- „Das kann ich für Sie machen." Auch hier gilt: Sagen Sie, was Sie können, und nicht, was Sie nicht können.

Besonders das, was Sie zum Schluss sagen, bleibt bei Ihren Gesprächspartnern am längsten im Gedächtnis. Deshalb schließen Sie Ihre Ausführungen immer positiv ab.

Sie wollen sich mit einem Lieferanten verabreden und schlagen einen Termin vor: „Was halten Sie von nächstem Mittwoch – oder ist das ungünstig?" Damit legen Sie Ihrem Lieferanten schon in den Mund, dass Ihr Vorschlag nicht gut ist. Lassen Sie den Nachsatz einfach weg.

Sie brauchen von einer Kollegin Unterstützung bei der Internet-Recherche zu einem neuen Kunden: „Kannst du das bitte im Internet recherchieren – oder hast du gerade wenig Zeit?" Hier braucht Ihre Kollegin nur noch mit „Ja, ich bin gerade anderweitig beschäftigt" zu antworten. Sie haben es ihr quasi vorgesagt.

Verzichten Sie komplett auf negative Nachsätze.

4. Füllwörter füllen Sätze und sind überflüssig

Auch Füllwörter benutzen wir häufig, weil wir glauben, damit höflicher bei unseren Gesprächspartnern anzukommen. Leider ist genau das Gegenteil der Fall.

Negative Beispiele:

- „Eigentlich finde ich das blaue Hemd schöner."

- „Wäre es vielleicht möglich, dass ..."

Formulieren Sie positiv:

- „Ich finde das blaue Hemd schöner."
- „Ist es möglich, dass ..."

Mit den positiven Formulierungen drücken Sie mehr Souveränität in Ihrer Sprache aus und kommen damit schneller zum Ziel. Andere Menschen verstehen genau, was Sie wollen. Denn wenn Sie ‚eigentlich' das blaue Hemd schön finden, fragt sich Ihr Gegenüber, ob das nun so ist oder etwa doch nicht. Mit ‚wäre', ‚vielleicht' und ‚möglich' drücken Sie viele Möglichkeiten aus, jedoch nichts Konkretes.

Sie sitzen mit Freunden zusammen und es wird diskutiert, ob Sie am Wochenende zusammen etwas unternehmen wollen. Wenn Sie nun sagen: „Normalerweise würde ich sagen, dass ich gerne mit euch wandern würde", dann werden Sie sicher gefragt: „Ja stimmst du nun zu oder nicht?" Drücken Sie sich deutlich aus: „Ich gehe gerne mit euch wandern. Allerdings habe ich gerade Probleme mit meinem Fuß und kann nicht so lange laufen." Nun wissen Ihre Freunde, woran sie sind.

Auch hier spielt uns der Wunsch nach Höflichkeit einen Streich in unserer Rhetorik.

Negativ:

- „Wärest du bitte so nett und könntest mir vielleicht bei der Auswertung der Verkaufszahlen helfen?"
- „Ich möchte mich dem anschließen, ich kann nur sagen, dass ich das auch gut finde."

Positive Formulierungen:

- „Bist du bitte heute so nett und hilfst mir beim Auswerten der Verkaufszahlen.

Dann können wir die Auswertung pünktlich abgeben." Das bringt die Sache auf den Punkt und ist trotzdem noch höflich und wertschätzend der anderen Person gegenüber.
- „Ich schließe mich an, auch ich finde den Vorschlag sehr gut." Die Formulierung ‚ich kann nur sagen' zeugt von wenig Selbstbewusstsein. Sagen Sie deutlich Ihre Meinung, dann wird sie auch von anderen verstanden. Im Negativ-Beispiel versteht Ihr Gegenüber, dass Sie sich ‚nur anschließen können' – und sonst nichts.

Bedenken Sie: So manches Füllwort könnte auch ein rhetorisches Verdünnungsmittel sein.

Gute Rhetorik am Telefon

Unternehmen wir noch einen kleinen Exkurs an Ihren Arbeitsplatz. Besonders im Geschäftsleben haben Sie am Telefon eine große Bühne für Ihr Formulierungsgeschick. Dazu einige Beispiele:

- Sie wollen dem Anrufer helfen

Ihre Kollegin hat das Telefon während ihrer Abwesenheit auf Sie umgestellt. Der Anrufer möchte entsprechend mit der Kollegin verbunden werden.

Negativ: „Meine Kollegin ist heute nicht zu erreichen. Kann ich Ihnen vielleicht helfen?"
Positiv: „Meine Kollegin ist morgen wieder zu erreichen. Was kann ich für Sie tun?"

Es nützt dem Anrufer wenig, wenn er erfährt, dass Ihre Kollegin heute nicht da ist. Informieren Sie ihn darüber, wann die Kollegin wieder da ist. Und wenn Sie den Anrufer fragen, ob Sie ihm vielleicht helfen können, dann könnte er antworten: „Wir können es ja mal probieren." Stellen Sie besser die offene W-Frage.

- Der Name des Anrufers ist unklar

Die Anruferin hat entweder ihren Namen gar nicht genannt und trägt sofort ihr Anliegen vor oder Sie haben den Namen nicht richtig verstanden.

Negativ: „Wie war Ihr Name?“ – „Mit wem spreche ich?“
Positiv: „Wie ist bitte Ihr Name?“

Das Wort ‚war‘ verweist auf die Vergangenheit. Der Name der Anruferin existiert immer noch und Sie sprechen in jedem Fall mit einem Menschen. Also formulieren Sie es auch so.

Sollte die Anruferin weiterhin undeutlich sein, dann bitten Sie sie: „Entschuldigung, ich habe Ihren Namen immer noch nicht verstanden. Können Sie ihn mir bitte buchstabieren?“

- Sie wollen den Anrufer an eine Kollegin weiterleiten

Wenn Sie Anrufer weiterleiten müssen, formulieren Sie gekonnt.

Negativ: „Ich versuche mal, ob Frau Berger zu erreichen ist.“
Positiv: „Einen Moment, ich verbinde Sie mit Frau Berger.“

Sagen Sie konkret, was Sie tun und nicht, was Sie ‚versuchen‘.

- Den Anrufer zu etwas auffordern

Sie wollen dem Anrufer sagen, was er oder sie tun soll.

Negativ: „Da müssen Sie in der Niederlassung in Y-Stadt anrufen.“
Positiv: „Bitte rufen Sie in der Niederlassung in Y-Stadt an und wenden Sie sich dort an Frau Sommer.“

Ihre Gesprächspartner ‚müssen‘ gar nichts. Beginnen Sie Ihre Aufforderung mit einer Bitte.

- Sie wollen eine Sache überprüfen

Ihre Anruferin stellt eine Frage. Um sie zu beantworten, müssen Sie erst einen Sachverhalt prüfen.

Negativ: „Da müsste ich mal nachsehen."
Positiv: „Einen Moment bitte, ich schaue sofort nach."

Das Wort ‚müsste' ist keine konkrete Aussage. Hier haben wir wieder den Konjunktiv.

- Sie sind nicht zuständig oder wissen nicht Bescheid

Am Telefon können Sie nicht zu allen Sachverhalten sofort Auskunft geben, denn es betrifft entweder nicht Ihr Fachgebiet oder Sie haben keine Informationen zu dem Vorgang.

Negativ: „Da weiß ich nicht Bescheid." Oder: „Dafür bin ich nicht zuständig."
Positiv: „Ich erkundige mich dazu und rufe Sie in der nächsten halben Stunde zurück." Oder: „Das bearbeitet Herr Schneider vom Verkauf, ich verbinde Sie mit ihm."

Sagen Sie nichts Negatives über sich selbst. Sonst erzeugen Sie bei Ihren Gesprächspartnern Eindrücke über Ihre Person, die Sie bestimmt nicht wollen.

Die Wirkung der kleinen Worte

Oftmals sind es tatsächlich nur kleine Umformulierungen, die eine große Wirkung erzeugen. Dazu eine Gegenüberstellung:

Negativformulierung	Positivformulierung
In zwei Tagen schaffe ich das niemals.	In vier Tagen kann ich das erledigen.
Das habe ich noch nicht fertig.	Das ist morgen Vormittag fertig.
Dazu kann ich dir nichts sagen.	Dazu kann dir Sarah etwas sagen.
Das war nicht so schwer.	Das ist mir leichtgefallen.
Ich habe nur Salat mitgebracht.	Ich habe Salat mitgebracht.

Beachten Sie: Negative Formulierungen erzeugen negative Bilder. Unser Gehirn kennt das Wort ‚nicht' nicht. Wenn Sie aufgefordert werden, NICHT an einen lila Affen zu denken, dann haben Sie sofort das Bild vor Ihrem inneren Auge. Deshalb sollten Sie folgende Formulierungen vermeiden:

- „Bin ich hier für alles zuständig?" – Ihr Gegenüber versteht, dass Sie für alles zuständig sind.
- „Bin ich hier eure Putzfrau?" – Ja!
- „Ich bin doch nicht für alle der Prellbock." – Doch!
- „Ich bin doch nicht das Mädchen für alle." – Hört sich aber so an!

Und noch ein Tipp zur Sprachhygiene: Wenn Sie um etwas gebeten werden und Sie antworten mit: „Kein Problem" – dann hat das ebenfalls eine negative Wirkung. Es kommt bei Ihrem Gegenüber das Wort ‚Problem' an. Deshalb formulieren Sie auch hier positiv:

„Du, Paul, kannst du mir ein Wasser mitbringen?"

- Negativ: „Kein Problem"
- Positiv: „Mache ich" oder „klar, mach ich"

„Frau Färber, können Sie morgen eine Stunde früher kommen?"

- Negativ: „Kein Problem"
- Positiv: „Ja, das ist möglich" oder „Ja, das klappt"

Achten Sie einmal darauf, wie viele Menschen ‚Probleme' haben, die gar keine sind.

Frauen sprechen anders – Männer auch!

Vordergründig sprechen Männer und Frauen selbstverständlich dieselbe Sprache. Es ist der Sprachstil, der den Unterschied macht. Im schlimmsten Fall führt das sogar dazu, dass Botschaften völlig anders verstanden werden.

Die Frau stellt in ihrer Sprache eher Beziehungen in den Mittelpunkt. Sie möchte zu ihren Gesprächspartnern eine gute Beziehung herstellen und diese möglichst auch beibehalten.

Der Mann spricht eine Berichtssprache mit dem Ziel, über einen Sachverhalt oder einen Vorgang zu berichten. Dem Mann ist es dabei wichtig, die Hierarchie zu seinem Gegenüber zu verdeutlichen.

Wir können dementsprechend festhalten, dass es Frauen eher um das Miteinander geht und Männern eher auf die Hierarchie ankommt.

Das äußert sich zum Beispiel in zwei unterschiedlichen Aussagen zum selben Sachverhalt: Sie haben einen Gemüseeintopf gekocht.

Ihr Freund sagt dazu: „Kannst du mir noch Salz und Pfeffer geben, an den Eintopf muss noch was dran."

Ihre Freundin sagt dazu: „Dein Eintopf schmeckt sehr gut. Ich würde gerne noch etwas mit Salz und Pfeffer nachwürzen."

Der Mann berichtet über eine Tatsache: Es fehlt ihm Salz und Pfeffer. Die Frau stellt die Beziehung in den Mittelpunkt: erst einmal loben und dann im Konjunktiv Wünsche äußern.

Warum gibt es diese Unterschiede? Es beginnt schon bei der Erziehung im Elternhaus. Mädchen wird von klein auf vermittelt, dass Beziehungen zu anderen Menschen wichtig sind. Dazu gehört es, kompromissbereit zu sein und auf Harmonie und gutes Miteinander zu achten. Lieb und nett sind positive Eigenschaften im Umgang mit anderen Menschen.

Den Jungen wird früh beigebracht, auf den eigenen Vorteil zu achten, sich durchzusetzen und besser zu sein als andere Menschen. Gewinner kommen einfach leichter durchs Leben als Verlierer.

Im Laufe der Entwicklung zum Erwachsenen werden jeweils diese Verhaltensweisen vertieft und gelebt.

Das zeigt sich darin, dass Frauen

- leiser und mit hoher Stimme sprechen,
- mehr im Konjunktiv formulieren (möchte, könnte, würde …),
- eher eine gemäßigte Ausdrucksform wählen.

Sie wollen in ihrer Kommunikation eher als gleichwertig denn als überlegen gelten. Eine höhere Kompetenz oder mehr Wissen wird heruntergespielt, um mit dem Gegenüber eine gleiche Ebene zu erreichen.

Männer dagegen

- sprechen laut und mit kraftvoller Stimme,
- formulieren einfacher und emotionsloser,
- vermitteln Informationen und berichten.

Sie wollen ihr Können, ihr Wissen und ihren Status deutlich herausstellen und erwarten dafür von ihrem Gegenüber Anerkennung und Akzeptanz.

Sie fragen als Mann einen Kollegen, ob er weiß, wann der Postbote kommt. Antwort: „Immer vormittags." Aus der Sicht eines Mannes ist dieser Dialog eindeutig, nämlich klare Frage und klare Antwort. Wenn Sie als Frau diese Frage stellen und der Kollege antwortet kurz und knapp, empfinden Sie das eventuell als unfreundlich, weil Sie sich mehr von ihm erwartet haben.

Sie stellen als Mann einer Kollegin dieselbe Frage und sie antwortet: „Ich glaube, der kommt immer vormittags. Ich bin ihm neulich gegen 11 Uhr begegnet." Aus der Sicht des Mannes ist diese Information gegebenenfalls schon viel zu viel. Er hätte auf seine klare Frage keine ausschweifende Antwort gebraucht. Wenn Sie als Frau Ihrer Kollegin diese Frage stellen, sind Sie mit ihrer Antwort sehr zufrieden, da sie Ihren Erwartungen entspricht.

Für ein konfliktfreies Miteinander sollten Männer akzeptieren, dass Frauen oft mehr sagen, als unbedingt notwendig ist. Frauen sollten dementsprechend akzeptieren, dass kurze und knappe Antworten von Männern nicht böse gemeint sind.

Diese Gegenüberstellung zeigt Ihnen die wichtigsten Unterschiede:

Männersprache	Frauensprache
Der Status und die Hierarchie sind wichtig	Das Miteinander ist wichtig
Die Angst, zu verlieren, ist groß	Die Angst, ohne Beziehung zu sein, ist groß
Direkte und klare Kommunikation	Indirekte und ausführliche Kommunikation

Nicken heißt Zustimmen	Nicken heißt: „Ich höre zu“
Unterbricht andere Gesprächspartner	Lässt andere Gesprächspartner ausreden
Es ist unwichtig, was andere Menschen denken	Es ist wichtig, was andere Menschen denken oder meinen
Stellen klare Forderungen	Sind eher zurückhaltend mit Forderungen
Stellen die eigene Kompetenz in den Mittelpunkt	Nehmen die eigene Kompetenz als selbstverständlich hin
Sagen eher, was sie können	Sagen eher, was sie nicht können

Frauen vermeiden es gerne, sich „zu weit aus dem Fenster zu lehnen“. Lieber wird Zurückhaltung und Understatement gepflegt. Männer hingegen sagen deutlich, welche Kompetenzen sie haben – auch wenn die nicht zu 100 % vorhanden sind.

Oft handelt es sich nur um Kleinigkeiten, die den Unterschied zwischen der Frauen- und der Männersprache ausmachen:

Jemand fragt nach Informationen:

- Die Frau: „Ich kenne mich in dieser Sache ein wenig aus.“
- Der Mann: „Ich weiß in der Sache gut Bescheid.“

Im Restaurant:

- Die Frau: „Ich würde gerne das Schnitzel essen. Wäre es möglich, dazu Bratkartoffeln zu bekommen?“
- Der Mann: „Ich nehme das Schnitzel, bitte mit Bratkartoffeln dazu.“

Etwas muss erledigt werden:

- Die Frau: „Ich könnte das bis morgen Nachmittag schaffen."
- Der Mann: „Ich schaffe das bis morgen Nachmittag."

Am Arbeitsplatz geht es um die Übernahme einer prestigeträchtigen Aufgabe:

- Die Frau: „Ich könnte mir sehr gut vorstellen, das Projekt zu übernehmen. Ich glaube, dass ich alle fachlichen Voraussetzungen dafür habe."
- Der Mann: „Ich übernehme gerne das Projekt. Ich bin davon überzeugt, ein gutes Ergebnis zu erzielen und alle notwendigen Kompetenzen zu haben."

Wem jetzt wohl das Projekt übertragen wird???

Kommunikation zwischen Mann und Frau gelingt, wenn sich beide bewusst machen, dass das Sprachempfinden unterschiedlich ist. Das heißt jetzt nicht, dass Männer wie Frauen reden sollten – und umgekehrt. Doch ein wenig mehr Verständnis und Akzeptanz der unterschiedlichen Wesensarten ist für beide Seiten immer ein Gewinn.

Der ‚Elevator Pitch'

Geschäftsleute haben den ‚Elevator Pitch' erfunden. Es geht ursprünglich darum, Vorgesetzte oder Kunden während der Dauer einer Fahrt im Aufzug (Elevator) von einer Idee zu überzeugen (pitchen). Die Fahrt mit dem Aufzug dauert dabei 20 bis 60 Sekunden.

Für unseren Kommunikations-Alltag können wir daraus die Fähigkeit ableiten, prägnant und strukturiert etwas vorzutragen. Das könnte zum Beispiel der Fall sein, wenn:

- Sie sich kurz bei einer fremden Person vorstellen und etwas mehr sagen wollen als nur Ihren Namen,
- Sie in der Familie oder im Freundeskreis schnell die Gelegenheit nutzen wollen, über eine Idee oder ein Vorhaben zu berichten,

- Sie dem Kollegenkreis oder dem Vorgesetzten kurz und prägnant ein Arbeitsergebnis vorstellen wollen,
- Sie generell nur wenig Zeit zum Reden haben und schnell auf den Punkt kommen müssen.

Sie stellen beispielsweise fest, dass Sie an Ihrem Arbeitsplatz oder auch im Privatleben immer wieder auf Ihre Berufstätigkeit angesprochen werden. Jedes Mal fällt es Ihnen schwer, kurz und bündig darauf zu antworten. Nehmen wir an, Sie sind als Verkäufer in einem Elektro-Geschäft tätig. Damit Sie in Zukunft in solchen Situationen besser gerüstet sind, überlegen Sie sich Ihren persönlichen Elevator Pitch. In Ihrem Fitness-Studio können Sie das auch gleich ausprobieren, denn ein neues Mitglied fragt Sie, was Sie denn beruflich so machen.

Folgende Punkte ergeben den Elevator Pitch:

- Ihr Ziel

Legen Sie fest, was Sie in der kurzen Zeit erreichen wollen. Es könnte dabei um einen Sachverhalt gehen oder auch um eine Idee, also etwas Reales oder etwas Fiktives.

In unserem Beispiel ist Ihr Ziel, in 30 Sekunden über Ihren Job zu berichten.

- Informationen geben

Den Elevator Pitch beginnen Sie mit Hintergrundinformationen, die für den Zuhörer wichtig sind. Das können Daten und Fakten sein und die Beschreibung eines Sachverhaltes.

Beispiel: „Ich bin bei Elektro-Müller in der Schulstraße als Fachverkäufer für Haushaltswaren tätig. Das mache ich seit fünf Jahren und für mich ist es spannend, welche neuen Geräte für die Küche jedes Jahr auf den Markt kommen."

- Interesse erzeugen

Als Nächstes sollten Sie bei Ihrem Gegenüber sein Interesse wecken. Heben Sie das Besondere an Ihnen oder Ihrer Idee hervor.

Beispiel: „Es gibt Kaffeevollautomaten, die mehr als zehn verschiedene Getränke produzieren. Ich habe mir auf die Fahne geschrieben, die Unterschiede mit wenigen Worten erklären zu können. Schließlich wollen meine Kunden keine langen Vorträge hören.“

- Ihr Gegenüber motivieren

Stellen Sie Ihrem Gegenüber jetzt offene Fragen. Damit motivieren Sie Ihr Gegenüber, ins Gespräch einzusteigen. Achten Sie darauf, dass Sie nur Themen wählen, zu denen Sie auch viel sagen können.

Beispiel: „Welchen Kaffee trinkst du am liebsten?“

- Prägnanz prüfen

Schauen Sie sich alle Schritte Ihrer kleinen Präsentation an. Sie sollten alles innerhalb von 30 Sekunden sagen können – sonst verfällt das Interesse Ihres Gegenübers.

Ein anderes Beispiel aus dem Privatleben. Sie haben zwei erwachsene Kinder und werden immer wieder gefragt, wie es denen denn so geht und was sie so machen. Auch hier können Sie einen ‚Elevator Pitch‘ vorbereiten:

„Max macht gerade eine Ausbildung im Maschinenbau. Er hat schon als kleiner Junge gerne an seinem Spielzeug herumgetüftelt und als Jugendlicher war kein Gerät vor ihm sicher. In der Firma Meier fühlt er sich sehr wohl.

Jule arbeitet gerade für vier Monate freiwillig in einer sozialen Einrichtung. Sie möchte gerne in diesem Bereich einen Beruf ergreifen. Sie war schon immer sehr an Menschen interessiert.

Und was macht Ihre Tochter?“

Natürlich könnten Sie jetzt noch viel mehr über die Ausbildung Ihres Sohnes und den Interessen Ihrer Tochter berichten. Vielleicht wollte Ihr Gegenüber aber auch nur genau diese kurze und präzise Information und ist Ihnen sehr dankbar, dass Sie nur in einem Pitch geantwortet haben.

Sollten Ihre Gesprächspartner mehr Information haben wollen, können sie jetzt nachfragen.

In jedem Fall ist es besser, erst einmal kurze und prägnante Informationen zu geben, anstatt lange Vorträge zu halten.

Beachten Sie bei Ihrem ‚Auftritt im Fahrstuhl':

- Sie haben zwar nur einige Sekunden Zeit. Trotzdem sprechen Sie bitte in gewohnter Geschwindigkeit und artikulieren Sie die Worte deutlich.
- Verwenden Sie eine Sprache, die Ihr Gegenüber auch versteht. Verzichten Sie auf Fachbegriffe, Abkürzungen und dergleichen.
- Konzentrieren Sie sich auf das, was Sie sagen wollen. Bleiben Sie fokussiert.

Überlegen Sie, zu welchen Gelegenheiten Sie künftig diesen Elevator Pitch für sich anwenden können und entwickeln Sie verschiedene kleine Präsentationen, je nach Bedarf. Üben Sie diese Präsentationen ein und wenden Sie sie an, wo immer sich die Möglichkeit dazu bietet. Damit haben Sie ein gutes Instrument, auf andere Menschen zuzugehen, ohne sofort aufdringlich zu wirken.

LITERATUR

Paul Watzlawick: Anleitung zum Unglücklichsein, Piper Verlag München 1983, ISBN: 978-3-492-24938-6

Friedemann Schulz von Thun: Miteinander reden: Störungen und Klärungen: Psychologie der zwischenmenschlichen Kommunikation, Rowohlt, Reinbek 1981, ISBN 978-3-499-17489-8.

Eric Berne: Transaktionsanalyse der Intuition – Ein Beitrag zur Ich-Psychologie, Junfermann Verlag Paderborn 1991, ISBN: 978-3-87387-003-1

Printed in Germany
by Amazon Distribution
GmbH, Leipzig

23532498R00102